被动式装配复合墙结构抗震性能与全寿命优化设计研究

杨增科　张春生　著

中国矿业大学出版社
· 徐州 ·

图书在版编目(CIP)数据

被动式装配复合墙结构抗震性能与全寿命优化设计研究 / 杨增科，张春生著. — 徐州 : 中国矿业大学出版社，2022.11

ISBN 978-7-5646-5635-5

Ⅰ. ①被… Ⅱ. ①杨… ②张… Ⅲ. ①墙体结构－抗震性能－最优设计－研究 Ⅳ. ①TU227

中国版本图书馆 CIP 数据核字(2022)第 214847 号

书　　名	被动式装配复合墙结构抗震性能与全寿命优化设计研究
著　　者	杨增科　张春生
责任编辑	仓小金
出版发行	中国矿业大学出版社有限责任公司 (江苏省徐州市解放南路　邮编 221008)
营销热线	(0516)83885370　83884103
出版服务	(0516)83995789　83884920
网　　址	http://www.cumtp.com　**E-mail**:cumtpvip@cumtp.com
印　　刷	徐州中矿大印发科技有限公司
开　　本	787 mm×1092 mm　1/16　**印张** 10.25　**字数** 262 千字
版次印次	2022 年 11 月第 1 版　2022 年 11 月第 1 次印刷
定　　价	58.00 元

(图书出现印装质量问题，本社负责调换)

前　言

传统建筑外墙外保温技术现场高空作业量大、施工难度高、施工质量难以保证,保温层设计寿命通常只有25年,外保温层寿命结束后容易产生大量建筑垃圾,二次施工易产生裂缝、空鼓、渗漏、脱落等质量隐患,使用过程中火灾安全事故的发生概率较大,同时不能适应建筑产业化的需求。基于课题组前期研究,提出被动式装配复合墙结构,以试验研究、理论分析与数值模拟相结合的研究手段,重点开展新型保温材料优化配比研究、保温承重一体化墙体抗震及热工性能分析、结构弹塑性地震反应分析、建筑能耗分析以及建筑全寿命优化设计模型研究等工作,为被动式装配复合墙结构的设计应用及社会推广奠定基础。主要的研究内容如下:

(1) 纤维增强EPS保温砂浆力学及热工性能试验研究

通过开展纤维增强EPS保温砂浆7因素3水平正交试验研究,揭示EPS颗粒含量、胶粉含量、硅灰含量、甲基纤维素醚、防水剂、减水剂、纤维掺量对纤维增强EPS保温砂浆强度的影响规律,基于不同性能指标,提出纤维增强EPS保温砂浆最优配合比的各个掺量建议值。基于纤维增强EPS保温砂浆的应力-应变全曲线的特征,以连续损伤力学理论和塑性理论为基础,同时考虑塑性与损伤的耦合关系,提出符合纤维增强EPS保温砂浆单轴受压损伤本构模型,为纤维增强EPS保温砂浆在保温承重一体化复合墙体中的分析与应用提供理论依据和研究基础。

(2) 保温承重一体化复合墙体抗震性能试验研究

对3榀保温承重一体化复合墙体(纤维增强EPS保温砂浆夹芯保温、XPS夹芯保温、发泡水泥外保温)与1榀普通装配式复合墙体进行1/2比例模型同尺寸拟静力试验,研究保温承重一体化复合墙体的受力特点及破坏机制,对比不同保温材料的保温承重一体化复合墙体的承载力、滞回特性、延性、刚度退化和耗能等抗震性能指标。试验结果表明:4榀墙体在破坏阶段具有较强的抗倒塌性,破坏形式均为弯剪型破坏,保温承重一体化复合墙体有更强的耗能能力,尤其是纤维增强EPS保温砂浆夹芯保温复合墙体,其标志性荷载值明显高于其他墙体,夹芯保温层对墙身裂缝开展具有一定程度的抑制作用,内叶墙板与保温层系统能够相互作用,整体性能良好。

(3) 被动式装配复合墙结构弹塑性地震反应分析

基于墙体试验研究，结合结构构造及受力特点，提出被动式装配复合墙结构的全阶段计算模型—刚架一等效复合板弹塑性力学模型。利用层叠合板理论和复合材料理论，选取代表性体积单元，利用代表性体积单元的等效材料特性将复合墙体简化为材料均匀的各向异性等效弹性板，采用多段线塑性连接单元，建立刚架一等效复合板弹塑性力学模型，并通过振动台试验结果验证模型的有效性。结合装配式复合墙结构工程实例，对比分析不同保温材料的被动式装配复合墙结构在地震反应作用下的位移、加速度等性能指标。研究结果表明：被动式装配复合墙结构的全阶段简化模型—刚架-等效复合板弹塑性力学模型保持了结构原有的受力特性，极大简化了模型计算量，能较好地模拟被动式装配复合墙结构弹塑性阶段的真实破坏过程及动力特性，模型具有一定的实用性，可适用于该结构的非线性动、静力计算分析。

(4) 被动式装配复合墙结构住宅建筑能耗对比分析

基于组合壁热阻公式，推导装配式复合墙板热工参数的计算公式，与防护热箱试验结果对比，验证公式有效性。基于层叠合板理论，将保温承重一体化复合墙体简化为热工串联等效单元体，推导相关热工参数的计算模型，与 ANSYS 三维稳态传热模拟结果对比，验证公式有效性。对比分析装配式复合墙板与不同保温材料(纤维增强 EPS 保温砂浆夹芯保温、XPS 聚苯板夹芯保温、发泡水泥外保温)的保温承重一体化复合墙体的热工指标及热桥指标。以西安地区的气候条件为基础，通过 DesignBuilder 建筑能耗模拟，进行被动式装配复合墙结构住宅空调季、采暖季以及全年建筑能耗对比分析。研究结果表明：纤维增强 EPS 保温砂浆夹芯保温复合墙的传热阻明显高于其他保温形式的装配式复合墙，是普通装配式复合墙传热系数的 1/3，热阻效果较好。保温承重一体化复合墙各个热桥部位结露点均大于西安市最小结露点，因此不会出现结露现象。被动式装配复合墙结构住宅全年建筑能耗均小于无保温装配式复合墙结构住宅，其中纤维增强 EPS 保温砂浆夹芯保温复合墙结构住宅全年建筑能耗最小，最大相对节能率达 17.76%。

(5) 被动式装配复合墙结构住宅全寿命优化设计方法研究

基于结构抗震及热工性能分析结果，结合被动式建筑整合设计策略，提出适用于被动式装配复合墙结构住宅体系的全寿命周期优化设计方法，建立决策优化与结构优化两层次、节能与抗震双目标的优化设计模型，以建造成本、维护成本、灾害损失、运行成本、修复成本等建筑全寿命周期费用最小化为优化目标，通过 BP 神经网络对模型进行优化逼近，结合装配式复合墙结构工程进行被动式细部优化设计以及全寿命费用分析。研究结果表明：被动式装配复合墙结构住宅在建筑全寿命周期的技术集成及应用，有效地提高了构件预制率及施工装配化率，避免了建筑保温施工质量通病，实现了建筑保温与结构设计同寿命，其全寿命周期费用较普通装配式复合墙结构住宅节约9.52%，较传统结构形式节约费用15%以上，为被动式装配复合墙结构住宅的社会推广及投资决策提供参考依据。

本书的主要创新之处：

(1) 配置纤维增强EPS保温砂浆，研究保温承重一体化复合墙体受力机理及破坏机制

采用正交试验研究方法，配置纤维增强EPS保温砂浆，研究其基本力学性能，确定其破坏准则和损伤本构模型，为纤维增强EPS保温砂浆在保温承重一体化复合墙体中的应用提供理论依据及研究基础。通过拟静力试验，研究保温承重一体化复合墙体的抗震性能，为结构全寿命优化设计提供依据。

(2) 建立被动式装配复合墙结构全过程简化数值模型—刚架—等效复合板弹塑性力学模型

基于结构构造及受力特点，选取代表性体积单元，利用层叠合板理论和复合材料理论，将保温承重一体化复合墙体简化为材料均匀的各向异性等效弹性板，利用等效材料属性，建立被动式装配复合墙结构的全阶段计算模型—刚架—等效复合板弹塑性力学模型，用于该结构的非线性动、静力全过程分析。

(3) 建立保温承重一体化复合墙体热工计算模型，研究被动式装配复合墙结构住宅热桥损失及建筑能耗规律

基于组合壁热阻公式及层叠合板理论，选取代表性墙体单元，利用等效材料属性，将墙体简化为匀质热工等效单元体，推导装配式复合墙板及保温承重一体化复合墙体热工参数的计算公式，进行墙体热桥分析，对比建筑能耗机制，为被动式装配复合墙结构建筑节能设计提供依据。

(4) 提出被动式装配复合墙结构全寿命两层次双目标优化设计方法

基于结构抗震及热工性能分析结果，提出适用于被动式装配复合墙结构住宅的全寿命周期优化设计方法，建立决策优化与结构优化两层次、节能与抗震双目标的建筑优化设计模型，对影响指标进行量化分析，通过BP神经网络对模型优化逼近，进行被动式装配复合墙结构抗震及节能全寿命细部优化设计，为被动式装配复合墙结构住宅的社会推广及投资决策提供依据。

本书第1～5章由杨增科著写，第6～8章以及附录和参考文献部分由张春生著写，全书由杨增科负责统稿。此外，衷心感谢本书参考文献中所列的全体作者。

由于作者时间和水平所限，不妥之处在所难免，敬请读者批评指正。

著　者

2022年6月

目 录

1 绪 论

1.1 研究背景

随着城市化进程的发展,我国民用建筑面积增长率逐年加速,建筑形式呈现出多样化特点,汶川大地震以来,建筑领域的结构设计更加注重抗震性能,但建筑节能设计的整体观念较弱。节能设计体现在用户的居住舒适度以及运行成本的节约上,因此注重建筑节能设计,进一步提高建筑节能标准,从而实现建筑节能全寿命周期效益最大化。建筑节能设计中,围护结构是建筑能耗损失的关键,约占到住宅建筑能耗的95%,其中,外墙约占围护结构能耗损失的65%,门窗的能耗损失约占25%,屋面的能耗损失约占10%,如图1-1所示[1]。由此可见,围护墙体保温是建筑节能的主要控制对象,对新型围护墙体材料的需求从围护隔断的作用渐渐转变,保温隔热、抗震阻燃等一体化装配式墙体特性成为新时代住宅建筑的要求。

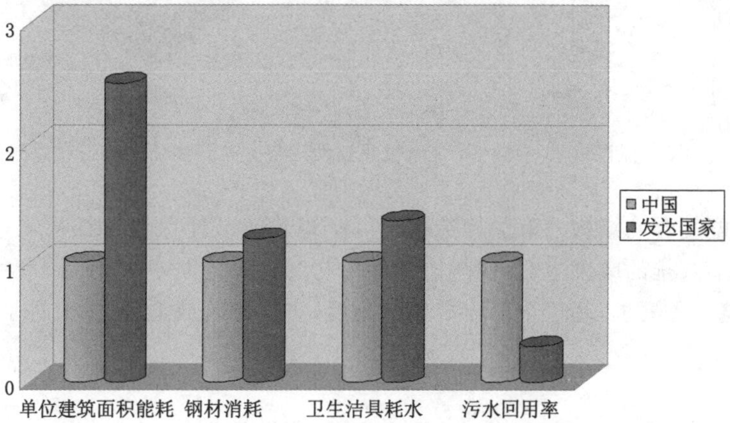

图1-1 城镇建筑能耗对比图

在现有的建筑市场,我国传统围护墙体保温技术主要为外保温施工,其施工步骤为:主体结构-围护外墙-保温层-保护层-饰面层。这种做法存在很多不足之处:保温层的使用寿命只有20年左右,当使用寿命结束时,需要进行二次施工,作业人员危险作业,同时产生大量建筑垃圾;一般采用粘贴式、螺栓连接或者机械连接等形式进行保温层的固定,施工工艺复杂,施工环境要求较高,属于复合高空作业;当前市场采用的外保温材料主要以XPS或者EPS等有机保温板为主,在施工过程及使用过程中存在很大的火灾隐患;不能与主体施工同步完成,现场湿作业会滞后工程的工期。

由此,基于外墙能耗损失占建筑能耗的比例,以及施工和使用过程中的弊端,故外墙能耗控制是建筑节能设计的关键。在国家大力号召装配式建筑以及即将迈入建筑节能75%的第四步节能标准的大背景下,促进传统建筑行业从粗放型向集约型转变,积极推进装配式保温承重一体化新型住宅成为新的发展之路[3]。

被动式住宅运用建筑设计手段来控制室内热舒适环境,减少人工热干扰产生的能源浪费,有效解决了传统外墙保温形式及材料的各种弊端,基于课题组前期研究,结合被动式住宅设计策略,提出被动式装配复合墙结构体系。被动式装配复合墙结构体系结合保温承重一体化复合墙板、保温隔热复合楼板、标准门窗等集成节能措施进行综合能效控制,由保温承重一体化复合墙板通过连接柱及隐形的框架柱连接而成,结构体系的主要受力部分——保温承重一体化复合墙板是由装配式复合墙板、复合材料保温层以及外叶保护层构成,如图1-2所示。在继承装配式复合墙结构多种承力系统以及多道抗震防线的受力特点基础上,保温承重一体化复合墙板在小震作用下共同承担荷载,在大震作用下,复合材料保温层能够有效延缓墙体裂缝的发展,分阶段释放地震能量。

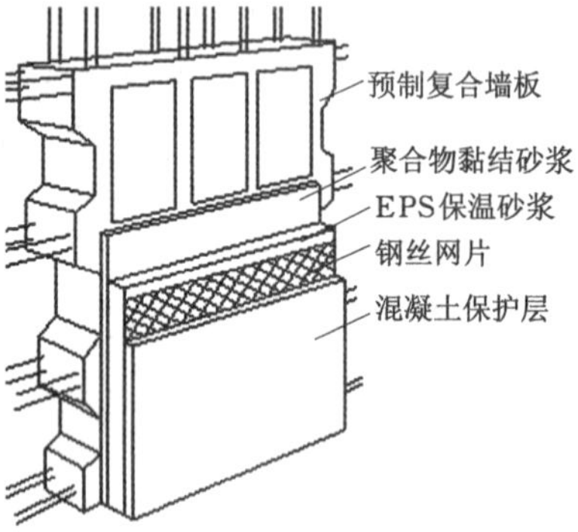

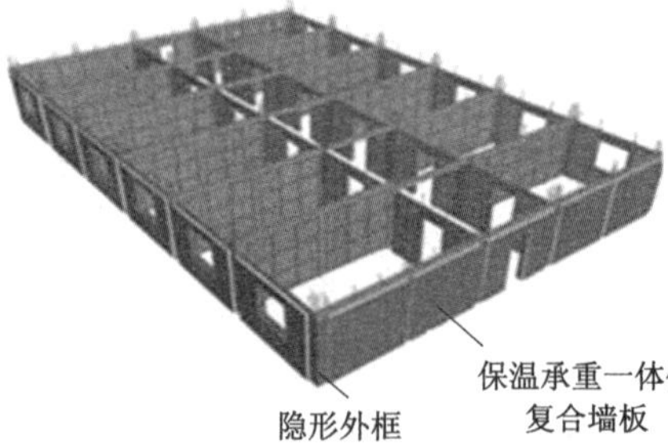

图1-2　保温承重一体化复合墙板及被动式装配复合墙结构构造示意图

被动式装配复合墙结构采取的构造措施可实现建筑节能保温与结构承重一体化设计,符合国家的节能减排的政策号召,使得墙体保温与结构设计同寿命,工业化的生产保证施工质量,满足建筑防火要求,基于全寿命周期的角度,实现建筑成本最优,促进了建筑行业新型集成化墙体的发展。

1.2　研究目的及意义

结合外墙保温行业的发展,以及国家对于外墙节能保温设定的标准,提出由保温承重一体化复合墙板为主要受力部件的被动式装配复合墙结构,进行大量的试验研究、理论分析及数值模拟,较完整地提出结构的核心计算理论与实用设计方法。从而实现被动式装配复合墙结构体系集成的工业化预制,促进建筑能耗的降低,提高建筑装配化率,满足建筑防火要求,同时达到结构与保温同寿命设计。

采用正交试验研究方法,配置纤维增强EPS保温砂浆,研究其基本力学性能,确定其破坏准则和损伤本构模型,为纤维增强EPS保温砂浆在保温承重一体化复合墙体中的应用提供理论依据及研究基础;通过拟静力试验,对比不同保温材料的保温承重一体化复合墙体的抗震性能及热工性能,为新型复合墙在被动式装配复合墙结构中的应用奠定理论基础;基于结构构造及受力特点，选取代表性体积单元，利用层叠合板理论和复合材料理论，将保温承重一体化复合墙体简化为材料均匀的各向异性等效弹性板，利用等效材料属性，建立被动式装配复合墙结构的全阶段计算模型——刚架-等效复合板弹塑性力学模型，用于该结构的非线性动、静力全过程分析；建立 DesignBuilder 建筑能耗模型，进行住宅空调季、采暖季以及全年建筑能耗对比分析，为被动式装配复合墙结构住宅节能设计提供依据；提出适用于被动式装配复合墙结构的整合优化设计方法及构造要求，建立基于 BP 神经网络的建筑全寿命两阶段双目标优化设计模型，为被动式装配复合墙结构的社会推广提供决策依据。

1.3 相关研究现状及分析

结合研究目的，本书主要围绕新型建筑保温材料、新型建筑保温墙体、结构及墙体单元计算模型、建筑全寿命优化设计等相关主题开展研究，结合各个领域的研究现状及应用发展动态，为整合开展被动式装配复合墙结构体系研究提供相应的研究思路。

1.3.1 新型建筑节能材料相关研究现状

降低建筑能耗是实现建筑可持续发展的重要途径。随着国家“十三五”规划的发展，全面提出了降低建筑能耗、减少能源污染、改善环境治理的发展目标，因此新型建筑节能材料的研发及应用迫在眉睫。

当前国内传统外保温形式主要采用保温板施工，保温板主要类型有聚苯板（EPS 板）及挤塑聚苯板（XPS 板）两种[4]。EPS 板造价较低，以外墙为基础，薄抹灰后粘贴施工，利用聚苯颗粒的保温性能提高外墙热阻，施工相对便捷，但是 EPS 板轻薄，使用寿命只有 15 年左右，而且与饰面层结合较差，容易产生空鼓、裂缝、脱落等质量通病。XPS 板目前我国市场应用较广泛，在外墙施工完成后，涂抹黏结砂浆，铺设保温板，再通过黏结砂浆及特殊连接件与保护层外饰面形成整体，传热系数比 EPS 板低，使用寿命约为 25 年。为避免板材施工的弊端，聚氨酯保温泡沫在建筑外墙保温施工中应用也越来越广泛，在外墙施工结束后，外挂钢丝网架，喷涂聚氨酯保温泡沫，在初凝后施工保护层，其施工方式较为便捷，可适用于工业化预制，或者夹芯保温施工，可实现建筑保温同寿命，性价比较高。

相比有机保温材料，无机节能绝热材料有更好的防火优势，市场常用的无机保温材料有岩棉、玻璃棉、水泥聚苯板及硅酸盐复合绝热砂浆等，关于无机复合保温材料的应用已经成为国家研究应用的重点发展方向。岩棉及玻璃棉的热阻相对较大，同时不燃特性及化学性能稳定，较为广泛地使用在屋面保温中，但是施工复杂，质量较大，铺设完成后还要进行严格的防水层施工，同时使用寿命相对较短。水泥聚苯板及硅酸盐复合绝热砂浆既有有机材料的保温特性，同时防火、隔热，使用寿命期较长，能够分担部分结构承载力，与结构协同工作性能良好，能够抑制墙体破坏，但由于自身较重，目前仅应用在低矮多层住宅。

再生建筑材料的应用范围也越来越广泛。张泽平[5]等研究表明，废弃建筑砌体垃圾可以作为粗骨料，用于研发配置高强度混凝土。废弃砖瓦再生粗骨料板强度高、耐久性优异，而且质量较轻，有效减轻了混凝土的总密度。经过进一步研发，在建筑垃圾中添加聚苯颗粒等保温材料，以提高其保温性能，达到建筑节能标准。这不仅很好地实现了建筑垃圾的资源再利用，也促进了建筑节能的可持续发展。

植物纤维具有很好的韧性，添加在无机复合砂浆中，能很好地提高材料的强度及保温性。陈国新[6]等研发配置的生态复合材料——植物纤维生土基及植物纤维水泥基，也叫作生态保温块材，优化配置成填充材料，应用在装配式复合墙结构中，作为装配式复合墙的填充砌块，与墙板肋梁、肋柱以及隐形外框协同工作，共同分担结构荷载，在各个变形阶段，分阶段地耗散地震能量。

结合新型绿色墙体材料及保温材料的特点及应用方向，本书拟研发配置新型保温材料，研究其基本力学性能，确定其破坏准则和损伤本构模型，为其在保温承重一体化复合墙体中的应用提供理论依据及研究基础，从而提高被动式装配复合墙结构的抗震及节能效果，促进墙体的集成化设计及工业化生产。

1.3.2 新型保温墙体相关研究现状

保温承重一体化复合墙板的设计理念以满足现行建筑节能标准为目标，实现墙体保温系统与结构共同受力、协同工作、使用同寿命。目前，建筑行业积极开展关于保温承重一体化墙体的相关研究及推广应用，归纳起来有以下几种典型的应用代表：

(1) 钢筋混凝土结构复合保温体系

钢筋混凝土结构复合保温体系的典型代表为 FS 体系，FS 结构体系[7]以 FS 复合保温板作为外模板，其内水平支模，浇筑混凝土及水泥砂浆保护层，养护合格后制作饰面层，最后利用特殊连接件连接形成整体，因此也属于预制化内保温，体系在使用的过程中可实现建筑保温同寿命，但由于内保温的缺点，对于室内二次装修会受到很大限制。

IPS 现浇混凝土剪力墙自保温体系[7]通过单面镀锌钢丝网架板，利用连接件连接内外竖向模板，同时浇筑混凝土，从而形成墙体自保温，这种结构体系造价成本较高，施工工业复杂，支模工作量及浇筑养护大大制约了建筑工期。

中国建筑设计研究院开发的 CSI[8]结构体系，主要以现浇框架与预制内填墙板形成结构主体，预制内填墙板为复合保温墙板，可实现建筑同寿命及墙板回收再利用，从而实现建筑的可持续发展，目前主要应用在以中小户型为主的保障房工程。

CL 结构体系[9]主要以 CL 网架保温板为内填保温夹层，两侧现浇混凝土，形成符合钢筋混凝土剪力墙结构体系，CL 网架保温板是围护结构保温性能的核心，它是由钢丝骨架内填挤塑聚苯板，通过斜插钢丝连接而成，使用寿命较长，可避免聚苯板使用过程中易燃的弊端。

ICF 体系[10]是欧美国家较为成熟的保温承重一体化复合剪力墙结构，主要以高密度模塑聚苯乙烯为隔热层，通过特殊连接件连接模板，现浇混凝土形成实心墙体，因此也属于墙体夹芯保温的一种保温形式，在施工过程中高密度的模塑聚苯乙烯板可以作为混凝土模板，施工完成后不需要拆除，避免产生建筑垃圾，提高建筑装配化率。

RASTRA 结构体系[11]属于模壳格构式建筑形式，通过复合混凝土-轻骨料为混凝土、EPS 聚苯颗粒为外叶的夹芯保温系统，内叶为预制承重墙，内腔浇筑混凝土，形成网格式钢筋混凝土骨架，具有保温、承重、防火及隔声等多种优点，同时发生地震时可以形成多道抗震防线。

(2) 装配式复合墙板

装配式复合墙板可以大大提高建造速度，将主要构件从立面作业转变为水平作业，减少安全事故的发生，是国家大力提倡和推进的新型建筑形式。在装配式构件发展过程中，通过整合设计，考虑建筑形式，将设备系统及结构承重融为一体，实现保温、承重、饰面一体化，从而提高建筑的预制化率。

SK 装配式复合墙复合保温体系[12]，以轻钢骨架为基础，吊装固定复合保温预制墙板，然后浇筑混凝土框架梁、柱、板，形成约束共同实现结构一体化，叠合构件的应用，弥补了一代装配式构件的弊端，通过预制的楼板等构件，设置保温层，运至现场吊装后，作为底模，浇筑混凝土，形成整体构件，不仅减少了现场支模工作量，整体性及保温性都有很大的改善。

AESI 装配式墙板自保温体系[13]采用通过预埋焊板连接 AS 预制墙板与梁柱的方式形成结构整体。AS 预制墙板是由预制钢筋形成双层钢筋网片，通过焊接形成空间网架，网架中填充 EPS 保温颗粒，再通过浇筑混凝土形成整体。墙板自重较大，荷载承重较强，但由于钢筋网架的存在，使得墙体整体的传热系数较高，容易形成多点热桥。

多功能混凝土空心砌块结构体系[14]自重较小，抗震性能较好，在施工过程中，既可通过空心砌块形成预制墙体，也可以在形成的结构骨架中，作为填充砌体进行填充，集承重、保温、装饰为一体，防火、隔声效果良好，同时可实现回收再利用，在欧美多地，经改良的多功能混凝土空心砌块，采用高效保温材料制作而成，通过完全消除传热，实现建筑的自保温，在我国称之为免浆保温砌块。

SIP 承重墙板[15]由两层欧松板以及保温芯板夹芯组成的复合保温板材，由外层欧松板承受弯曲变形，保温芯板提供截面惯性矩，利用环氧树脂黏结，共同工作受力，以特殊连接件与结构框架形成整体，约束墙板变形，提高结构承载力，这种结构体系主要应用在景区住房、临时场所以及低矮农房，形成特色农居，造型立面丰富，防火性能欠佳。

混凝土-石膏速成墙板[16]由轻质防水玻璃纤维石膏形成空心大板，在板中定向定量预留孔洞，在孔洞中浇筑混凝土形成整体，提高墙体的承载力，由于石膏价格优势，整体结构成本较低，施工速度快，可流水线生产，实现工业化，同时，由于石膏的可塑性很强，其造型多样，同时还可以作为承重构件，与钢筋混凝土共同作用，形成叠合楼板，石膏的轻质、高强、绝缘等性能良好，因此混凝土-石膏速成墙板的抗震、防火及防腐蚀性能良好，同时可应用于外墙、内隔墙以及钢结构围护墙体。

以上几种保温体系，引入了结构承重与节能的概念，能够实现建筑节能与结构一体化，但并未充分考虑建筑构件预制化率，大部分需要湿作业的二次施工。本书基于课题组前期的研究，提出了三种不同保温材料的保温承重一体化装配式复合墙板，墙板预制率为100％，真正实现工程立面作业向平面作业的方向转变，另外，目前围护外墙研究侧重于抗震性能，而忽略其保温性能，本书拟开展保温承重一体化复合墙体的抗震与热工性能试验，探索新型复合墙体的工作性能，为全寿命优化设计提供依据。

1.3.3 墙体单元计算模型相关研究现状

墙体单元计算模型的相关研究已经较为成熟，在新型结构体系中的应用也越来越广泛，经典计算模型有以下几种：

等效梁模型[17]主要采用单分量模型模拟，其主要单元为：在杆端设置非线性转动弹簧构成的线弹性梁单元，因此构件屈服集中发生在杆端的塑性铰处，模型假设其转动始终围绕墙横截面形心轴，没有考虑到剪力墙横截面中性轴的移动。

墙板单元模型[18]利用墙柱单元代替剪力墙，上下端设置刚域，与框架梁柱节点设置铰接。模型假定当剪力墙受力时，其横截面保持平面，且周边保持刚性，充分考虑了墙板单元梁柱节点与框架铰接的协调变形，计算量较小，模型在进行非线性分析时，亦假设墙板转动围绕墙横截面形心，没有考虑剪力墙横截面中性轴的移动，同时对墙体刚度降低系数设置过于粗糙。

等效支撑模型[18]通常采用单向斜支撑模型模拟剪力墙底部两层，如图 1-3(a)所示，两层以上采用双向斜支撑模型模拟剪力墙，如图 1-3(b)所示，模拟值接近试验结果。经改进，提出了非对称框架支撑模型，如图 1-3(c)所示。该模型假定与剪力墙的抗弯、抗剪及竖向刚度均相同，推导模型中杆件的截面尺寸。剪力墙的轴向刚度无法从模型中表现，因此，在刚度替换过程中导致剪力墙力学性能的变化，不能反映结构实际受力情况，计算结果存在一定误差。

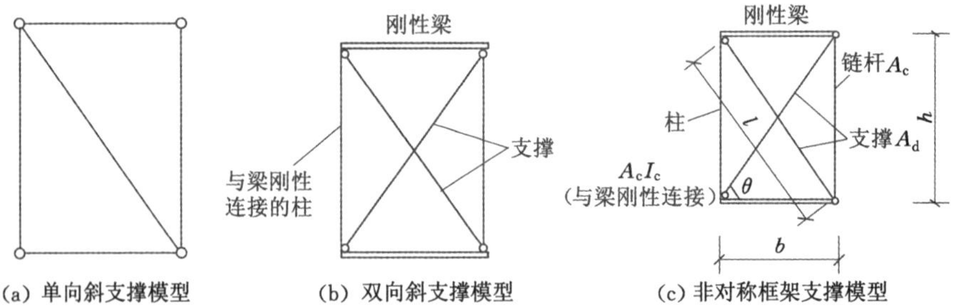

图 1-3　剪力墙等效支撑模型

三垂直杆元模型[19]，如图 1-4 所示，模型将均匀受弯墙体构件等效为在上下楼面水平具有无限刚梁的垂直杆单元，外侧杆元代表柱轴向刚度，中间单元由位于底部的弹簧组成，弹簧的垂直、水平和转动，分别代表中间墙板的轴向、剪切和弯曲刚度，从而模拟墙体的滞回特性。

多垂直杆元模型[20]基于弯曲性能的纤维单元模型建立，如图 1-5 所示。模型中的刚性梁由多个垂直杆相连，垂直杆件相互平行，其中两侧杆表示柱的轴向和弯曲刚度，内部的垂直杆表示中间墙板的轴向和弯曲刚度，水平弹簧代表墙体的剪切刚度，墙体的转动围绕形心轴上的 A 点发生。多垂直杆元模型克服了三垂直杆元模型的弊端，考虑了墙体的轴力对其刚度和抗弯性能的影响，计算量较小，是目前较为理想的一种宏观模型。

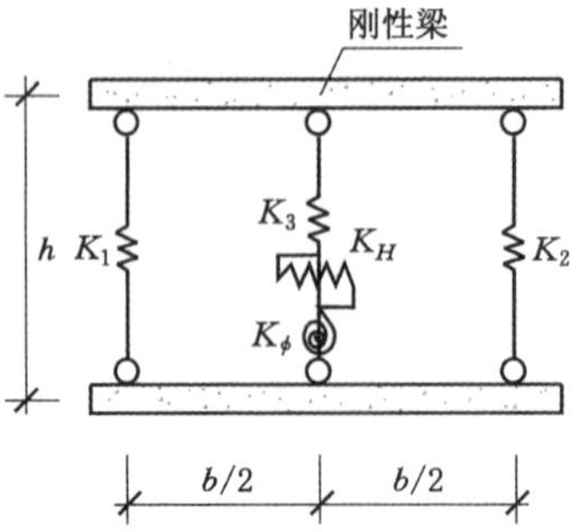

图 1-4　剪力墙三垂直杆元模型

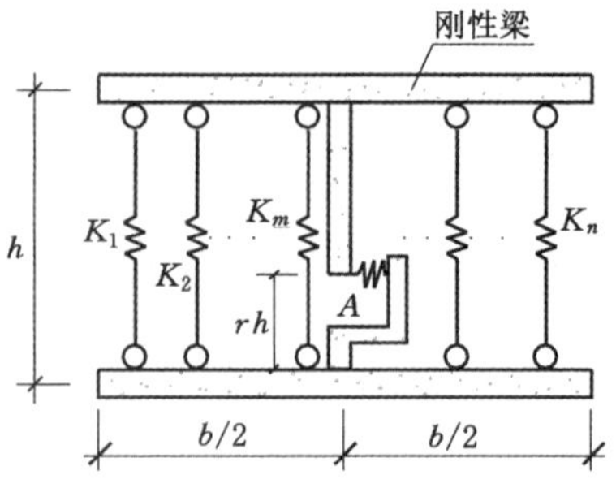

图 1-5　剪力墙多垂直杆元模型

基于臂墙的弹性理论及多垂直杆元模型提出了改进型的四弹簧模型[20]，如图 1-6 所示。该模型忽略中心弹簧组件中的弯曲弹簧，采用单元两侧非线性弹簧 K_1 和 K_2 表示剪力墙的抗弯能力，抗剪能力水平由非线性弹簧 K_h 描述，轴向刚度由单元两侧的两根非线性弹

簧 K_1、K_2 以及单元中心的竖向线性弹簧 K_v 共同表示。该模型能够较好地反映剪力墙受弯时左右墙端的不对称性，更适用于框架-剪力墙结构弹塑性地震反应分析。

在多垂直杆元模型的基础提出了二维板单元模型[20]，如图 1-7 所示。该模型用二维非线性板单元替代中间墙板部分的垂直、水平和转动弹簧，从而模拟边柱的轴向刚度，采用有限元模拟二维板，将宏观有限元和微观有限元方法有机地结合，显著提高了计算精度。

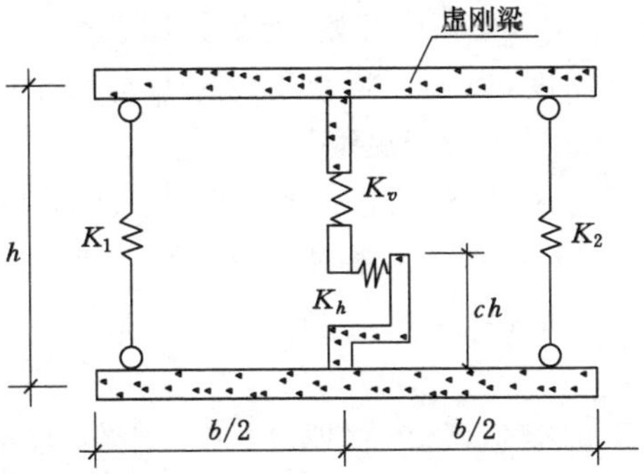

图 1-6 剪力墙四弹簧模型图

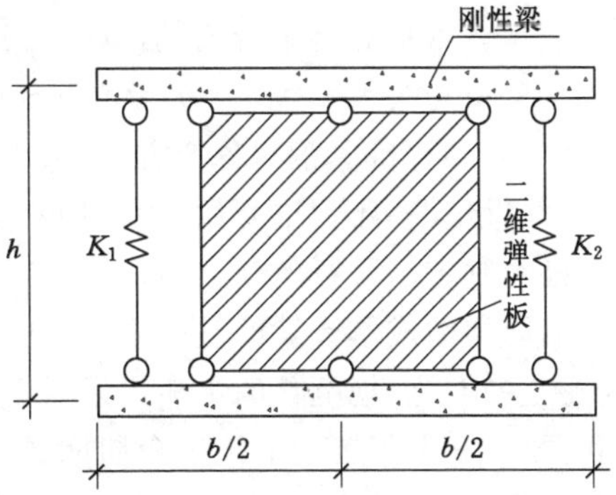

图 1-7 剪力墙二维板单元模型

吕西林、卢文生等提出了纤维墙元模型[20]，由承受轴力及弯矩的纤维子单元与承受剪切变形的剪切子单元相合成的墙元作为计算模型基础。纤维子单元考虑剪力墙的轴向及弯曲变形，剪切子单元考虑剪力墙的剪切变形，计算量较小，精度较好。

叶列平、陆新征等提出了分层壳单元模型[21]，该模型适用于剪力墙结构非线性分析，如图 1-8 所示。将剪力墙划分为多层的壳单元进行描述，每一层根据需要设置不同的厚度和材料属性。模型综合考虑了混凝土和钢筋的本构关系与单元的非线性行为，平面内弯曲、平面内剪切以及平面外弯曲之间的耦合，能够较为全面地反映剪力墙结构的空间力学性能。

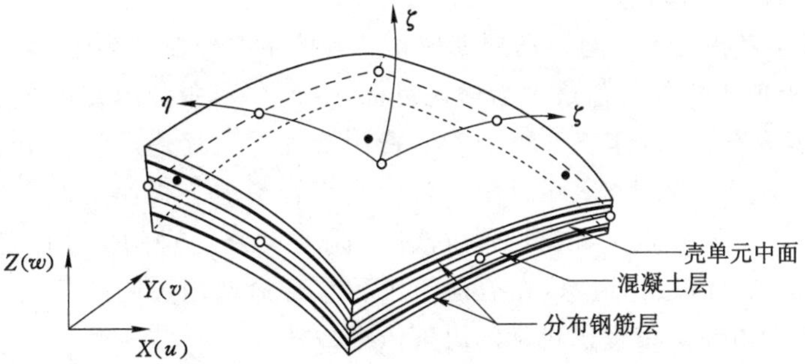

图 1-8 分层壳单元模型

结构计算模型的精度决定了结构反应分析的精度，因此选择合适的结构计算模型是核心工作，计算量越少越能显示模型的高效性，精细度越高越能显示分析结果的可信度。被动式装配复合墙结构内叶墙板的复杂构造，保温承重一体化的独特设计，分层分阶段释放地震能量，使其计算模型较为复杂，在已有的各类结构计算模型基础上，建立被动式装配复合墙结构精细化计算模型，从而实现对该结构地震反应全过程的精细化模拟。

1.3.4 建筑全寿命优化设计相关研究现状

传统建筑注重全寿命周期中的设计、施工阶段，而忽略使用维护阶段，造成建筑的三大控制仅仅体现在建造过程中，但近年来，新型结构体系的抗震、节能等突出性能更多体现在全寿命使用过程中，因此建筑全寿命管理的概念越来越受到重视，前期相关研究如下：

工程全寿命成本分析[22]是工程经济评价的方法之一，其研究范围包括项目的规划、设计、施工、运营维护和剩余价值的回收阶段。从 20 世纪 60 年代开始，建筑领域正式引入全寿命成本分析与决策系统，建立了 PPBS 计划预算制度，通过分析获得的利益与付出的成本，全面计划和评价决策的各个方面，从而科学合理地做出投资决策。

从 20 世纪 80 年代末开始，生命周期成本分析技术[23]已应用于建筑领域。目前，美国等国家已经制定了可行的项目生命周期成本分析手册。在早期，在逐渐深入收集和整理的整个生命周期的成本数据的基础上，对建筑物整个系统基于全寿命周期成本分析的优化设计，并建立制度化、规范化的生命周期成本分析技术。

我国在 1987 年首次引入生命周期成本控制[24]的概念，整个管理过程“三管理”政策包括全体工作人员，经过 20 年的发展，生命周期成本控制技术，从军事装备采购中的应用到建筑领域、公路建设等决策过程，然后推广到节能建筑和抗震建筑领域。大量科学研究的应用和实践经验推动了生命周期成本控制的应用，进入 21 世纪后，随着世界经济的发展和中国加入世贸组织，国际建筑市场的竞争日益激烈，我国要想立于不败之地，必须不断地提高工程的质量，降低成本，同时更加重视并应用生命周期成本理论与技术。

俞艳、田杰芳[24]等学者提出，建筑产品的生命成本是指建筑在整个生命周期中所产生的成本，包括建造成本和使用成本两部分。建造成本是指施工总成本，包括从筹建到竣工验收为止，使用成本是指用户在使用过程中所发生的各种费用，同时，建筑产品全寿命的费用计算，要考虑资金的时间价值，采用动态费用法进行计算，对全寿命成本进行了细分，并结合了全寿命费用的时间价值问题。

黄如宝[25]等学者指出工程全寿命周期成本管理的主要控制点为工程全寿命费用管理。以全寿命成本最低或工程的价值最大为优化目标，工程全寿命费用管理在投资决策阶段和设计阶段，应作多方案评选，建筑工程全寿命费用管理从工程建设和使用维护进行综合决策，建筑工程全寿命费用管理在其设计阶段就应当综合考虑工程使用寿命，以及建筑材料、设备系统的综合优化等，建筑工程在运营阶段应当制定经济合理的保养计划，避免和减少浪费，进行使用过程中的信息化追踪，充盈建筑工程全寿命费用控制的理论研究的研究资料库，为今后的建筑全寿命决策提供科学的决策依据。

刘扬[26]等提出基于价值工程原理和层次分析法的密肋复合墙结构的综合效益分析研究，结合技术、经济及社会等综合效益评价指标体系建立了密肋复合墙结构节能建筑综合效益评价模型，采用价值工程理论对密肋复合墙结构进行项目的综合评价分析。

孙焕伟[27]等经研究，建立了密肋复合墙结构质量影响因素关系图，结合密肋结构质量把控的关键因素，总结建筑施工质量控制的科学方法，详细分析墙板生产以及结构施工的质量控制要点，为提高密肋复合墙结构的施工质量水平提供了科学的依据。

贾正义[28]等基于风险识别相关理论研究，结合装配式密肋复合墙结构施工，构建 CIM 项目施工安全风险评价模型，为装配式密肋复合墙结构施工过程中的风险管理提供依据。

全寿命角度分析更能够充分反映建筑物的真实使用状态。因此，本书拟建立神经网络模型，以对被动式装配复合墙结构住宅在整合设计、绿色施工、节能维护、抗震性能等方面进行全寿命优化设计，在项目决策阶段，基于建造全寿命周期进行优化设计，从而多维度地研究被动式装配复合墙结构住宅，为新型结构体系的市场推广及投资决策提供充足的理论依据。

1.4 本书的主要研究内容及思路

针对被动式装配复合墙结构体系研究及发展的需要，结合上述相关领域的研究现状与研究基础，本书主要研究内容如下：

（1）从目前装配式复合墙结构体系的力学性能、围护结构的保温性能及被动式设计应用等方面的相关问题入手，全面总结分析相关领域的研究现状及存在问题，为课题研究设定研究目的、设计研究路线和方法。

（2）通过开展纤维增强 EPS 保温砂浆 7 因素 3 水平正交试验研究，揭示 EPS 颗粒含量、胶粉含量、硅灰含量、甲基纤维素醚、防水剂、减水剂、纤维掺量对纤维增强 EPS 保温砂浆强度的影响规律，提出纤维增强 EPS 保温砂浆最优配合比。通过力学性能试验，研究纤维增强 EPS 保温砂浆的基本力学性能，建立其单轴受压损伤结构，为纤维增强 EPS 保温砂浆在保温承重一体化复合墙体中的分析与应用提供理论依据和研究基础。

（3）对 3 榀保温承重一体化复合墙体（纤维增强 EPS 保温砂浆夹芯保温、XPS 夹芯保温、发泡水泥外保温）与 1 榀普通装配式复合墙体进行 1/2 比例模型同尺寸拟静力试验，研究保温承重一体化复合墙体的受力特点及破坏机制，对比不同保温形式的保温承重一体化复合墙体的承载力、滞回特性、延性、刚度退化和耗能等抗震性能指标，为被动式装配复合墙结构抗震设计提供依据。

（4）基于被动式装配复合墙结构构造及受力特点，选取代表性体积单元，利用层叠合板理论和复合材料理论，将保温承重一体化复合墙体简化为材料均匀的各向异性等效弹性板，利用等效材料属性，建立被动式装配复合墙结构的全阶段计算模型——刚架-等效复合板弹塑性力学模型，通过振动台试验结果，验证模型的有效性，结合工程实例，对比分析不同保温材料的被动式装配复合墙结构在地震反应作用下的位移、加速度等性能指标。

（5）通过采用组合壁热阻公式，推导出装配式复合墙板热工参数的计算公式，并将其与防护热箱试验结果进行对比，以验证公式的有效性。基于层叠合板理论，将保温承重一体化复合墙体简化为热工串联等效单元体，并据此推导出相关热工参数的计算模型。随后，通过与 ANSYS 三维稳态传热模拟结果进行对比，验证该公式的有效性。对比分析装配式复合墙板与不同保温材料（纤维增强 EPS 保温砂浆夹芯保温、XPS 聚苯板夹芯保温、发泡水泥外保温）的保温承重一体化复合墙板的热工指标，并进行墙体热桥指标分析。以西安地区的气候条件为基础，通过 DesignBuilder 建筑能耗模拟，进行被动式装配复合墙结构住宅空调季、采暖季以及全年建筑能耗对比分析。

（6）基于结构抗震及热工性能分析结果，提出适用于被动式装配复合墙结构住宅的全寿命周期优化设计方法，引入抗震与节能并重的设计理念，建立决策优化与结构优化两层次、节能与抗震双目标的建筑优化设计模型，以建造成本、维护成本、灾害损失、运行成本、修复成本等建筑全寿命费用最小化为优化目标，对抗震设计及节能设计的影响指标体系进行量化，通过 BP 神经网络对模型优化逼近，结合装配式复合墙结构工程项目进行被动式建筑细部优化设计以及全寿命费用分析，为被动式装配复合墙结构住宅的社会推广及投资决策提供依据。

(7) 总结全文工作，展望今后的研究方向。

本书的研究思路如图 1-9 所示。

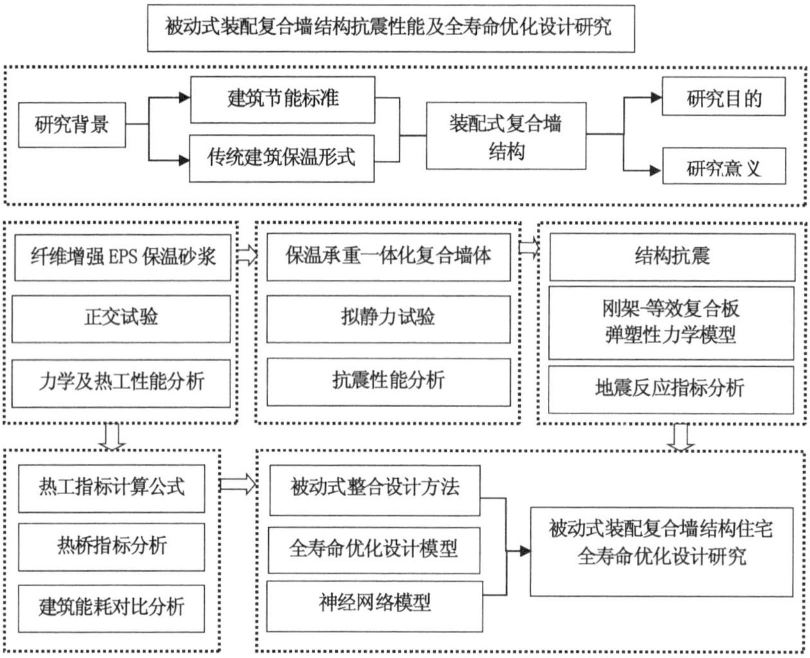

图 1-9　技术路线

2 纤维增强EPS保温砂浆力学及热工性能试验研究

通过开展纤维增强EPS保温砂浆7因素3水平正交试验研究，揭示聚苯颗粒(EPS)含量、胶粉含量、硅灰含量、甲基纤维素醚、防水剂、减水剂、混杂纤维掺量对纤维增强EPS保温砂浆强度及传热系数的影响规律，基于性能目标，提出纤维增强EPS保温砂浆最优配合比；通过力学性能试验，以连续损伤力学理论和塑性理论为基础，同时考虑塑性与损伤的耦合关系，提出符合纤维增强EPS保温砂浆单轴受压损伤本构模型。该模型为分析纤维增强EPS保温砂浆在保温承重一体化复合墙体中的应用提供理论依据和研究基础。

2.1 试验概况

2.1.1 原材料性能指标

试验所用的材料特性及型号如表2-1所示。

表2-1 材料的物理力学性能

序号	材料名称	型号	材料特性
1	水泥	42.5R型普通硅酸盐水泥	胶凝材料，提高砂浆强度
2	聚苯乙烯颗粒	发泡EPS颗粒，粒度2～5 mm，5～8 mm，堆积密度10～12 kg/m^3	降低砂浆导热系数
3	硅灰	目数1000目	增加粉料对EPS骨料的包裹性 改善砂浆的力学性能
4	可再分散乳胶粉	粉状热塑性树脂	对EPS颗粒进行表面改性
5	甲基纤维素醚	200000稠度	保水增稠，降低吸水性， 提高砂浆的工作性
6	混杂纤维	聚丙烯纤维、木纤维	改善抗裂性能，提高砂浆强度
7	外加剂	引气剂、减水剂、有机硅防水剂	改善砂浆流动性，增加黏度和屈服应力，改善砂浆工作性能

2.1.2 试件设计及制作

试验所用的试件分组如表2-2所示。

表 2-2　纤维增强 EPS 保温砂浆正交试验试件分组

试件数量	试件规格	测试项目
3 块×18 组	70.5 mm×70.5 mm×70.5 mm	抗压强度
3 块×18 组	70.5 mm×70.5 mm×70.5 mm	吸水率
6 块×18 组	70.5 mm×70.5 mm×70.5 mm	软化系数
3 块×18 组	70.5 mm×70.5 mm×70.5 mm	干表观密度
3 块×18 组	40 mm×40 mm×160 mm	抗折强度和折压比
3 块×18 组	300 mm×300 mm×30 mm	导热系数

试件的制作过程如下(见图 2-1)：

(a) EPS 颗粒量取　(b) 粘结剂制作　(c) 预处理搅拌

(d) 其余原料称量　(e) 纤维与其余原料的预混料　(f) 其余原料搅拌

(g) 试块入模　(h) 纤维增强 EPS 保温砂浆试块

图 2-1　试块制作过程

(1) EPS 颗粒表面改性，EPS 颗粒具有表面憎水性的特点，与水泥砂浆的黏结强度较弱，质量较轻，在高流动拌合物中趋于离析，振捣后容易浮于砂浆表面，导致颗粒分布不均，对砂浆的力学性能影响较大。运用裹砂造壳原理[29]，对砂浆进行表面改性，将硅灰与水搅拌均匀，再添加润湿后的 EPS 颗粒，使其表面形成亲水性硅酸盐薄壳；

(2) 将剩余材料搅拌均匀后与经过表面处理的 EPS 骨料拌和，分次加入水、防水剂和引气剂，拌和时间为 2 min；

(3) 放入模具，振捣成型后，将试件表面抹平；

(4) 拆模后，对试块进行标准养护。

2.1.3 试验方案

试验考察的因素有 7 个，分别为：胶粉含量、硅灰含量、聚苯颗粒(EPS)、甲基纤维素醚、引气剂、减水剂以及纤维掺量。通过对试验结果的分析来确定 7 种因素(均为占水泥质量百分数)对纤维增强 EPS 保温砂浆试块的抗压强度等力学性能、吸水率等物理性能以及导热系数的影响。试验设计因素水平表、正交设计方案、EPS 保温砂浆配合比分别如表 2-3～表 2-5 所示。

表 2-3 保温砂浆正交设计因素水平表

水平	因素						
	$V_{EPS}/M_{水泥}$(A)	胶粉(B)	甲基纤维素醚(C)	纤维掺量(D)	硅粉(E)	防水剂(F)	减水剂(G)
1	3	2%	0.25%	0.4%	5%	0.1%	0.5%
2	4	4%	0.45%	0.8%	10%	0.3%	1%
3	5	6%	0.65%	1.2%	15%	0.5%	1.5%

表 2-4 保温砂浆正交设计方案

编号	EPS	胶粉	甲基纤维素醚	纤维	硅粉	防水剂	减水剂
BW-1	1	1	1	1	1	1	1
BW-2	1	2	2	2	2	2	2
BW-3	1	3	3	3	3	3	3
BW-4	2	1	1	2	2	3	3
BW-5	2	2	2	3	3	1	1
BW-6	2	3	3	1	1	2	2
BW-7	3	1	2	1	3	2	3
BW-8	3	2	3	2	1	3	1
BW-9	3	3	1	3	2	1	2
BW-10	1	1	3	3	2	2	1
BW-11	1	2	1	1	3	3	2
BW-12	1	3	2	2	1	1	3
BW-13	2	1	2	3	1	3	2
BW-14	2	2	3	1	2	1	3
BW-15	2	3	1	2	3	2	1
BW-16	3	1	3	2	3	1	2
BW-17	3	2	1	3	1	2	3
BW-18	3	3	2	1	2	3	1

表 2-5 纤维增强 EPS 保温砂浆配合比

编号	EPS/L	胶粉/kg	甲基纤维素醚/kg	聚丙烯纤维/kg	木纤维/kg	硅粉/kg	防水剂/kg	减水剂/kg	水泥/kg
BW-1	900	6	0.75	0.6	0.6	15	0.3	1.5	300
BW-2	900	11.44	1.287	1.144	1.144	29	0.858	2.86	300
BW-3	900	16.44	1.781	1.644	1.644	41	1.37	4.11	300
BW-4	1144	6	0.75	1.144	1.144	29	1.37	4.11	286
BW-5	1144	11.44	1.287	1.644	1.644	41	0.3	1.5	286
BW-6	1144	16.44	1.781	0.6	0.6	15	0.858	2.86	286
BW-7	1370	6	1.287	0.6	0.6	41	0.858	4.11	274
BW-8	1370	11.44	1.781	1.144	1.144	15	1.37	1.5	274
BW-9	1370	16.44	0.75	1.644	1.644	29	0.3	2.86	274
BW-10	900	6	1.781	1.644	1.644	29	0.858	1.5	300
BW-11	900	11.44	0.75	0.6	0.6	41	1.37	2.86	300
BW-12	900	16.44	1.287	1.144	1.144	15	0.3	4.11	300
BW-13	1144	6	1.287	1.644	1.644	15	1.37	2.86	286
BW-14	1144	11.44	1.781	0.6	0.6	29	0.3	4.11	286
BW-15	1144	16.44	0.75	1.144	1.144	41	0.858	1.5	286
BW-16	1370	6	1.781	1.144	1.144	41	0.3	2.86	274
BW-17	1370	11.44	0.75	1.644	1.644	15	0.858	4.11	274
BW-18	1370	16.44	1.287	0.6	0.6	29	1.37	1.5	274

(1) 物理性能试验

参照《胶粉聚苯颗粒外墙外保温系统材料》(JG/T 158—2013)[31]的测定方法，进行纤维增强 EPS 保温砂浆的湿表观密度和干表观密度的测定。参照《建筑保温砂浆》(GB/T 20473—2021)标准养护，试件制作完成后，用聚乙烯薄膜覆盖，在(20±5)℃温度环境下静停(48±4) h，拆模后在(20±3)℃、相对湿度(60%～80%)的条件下养护 28 d，养护结束后，在(105±5)℃温度下烘干至恒重，取试件检测值的算术平均值作为纤维增强 EPS 保温砂浆的干密度值。

(2) 力学性能试验

参照《建筑砂浆基本性能试验方法标准》(JGJ/T 70—2009)[32]与《胶粉聚苯颗粒外墙外保温系统材料》(JG/T 158—2013)进行纤维增强 EPS 保温砂浆抗压强度试验。试件成型后用聚乙烯薄膜覆盖，常温养护 7 d 后去掉覆盖物，在标准条件下继续养护 21 d，放入(65±2)℃的烘箱中烘干 24 h，冷却至室温，用电子万能试验机测试抗压强度，试验结果为 3 块试样的算术平均值，由于纤维增强 EPS 保温砂浆强度较低，压力机加载时缓慢加载，速度为 0.25 kN/s。

参照《水泥胶砂强度检验方法(ISO 法)》(GB/T 17671—2021)[33]进行纤维增强 EPS 保温砂浆抗折强度试验，试件成型后用聚乙烯薄膜覆盖，在试验室温度下养护 7 d 后去掉覆盖物，在试验室标准条件下继续养护 21 d，放入(65±2)℃的烘箱中烘干 24 h，冷却至室温，测试纤维增强 EPS 保温砂浆的抗折强度。

(3) 吸水率的测定

试样制备参照《建筑砂浆基本性能试验方法标准》(JGJ/T 70—2009)[32]相关规定,试块成型后用聚乙烯薄膜覆盖,在试验室温度条件下养护 7 d 后去掉覆盖物,在试验室标准条件下继续养护 21 d。试样周边涂密封材料密封。

(4) 软化系数的测定

参照《建筑砂浆基本性能试验方法标准》(JGJ/T 70—2009)[32]进行砂浆软化系数的测定,试块成型后用聚乙烯薄膜覆盖,在试验室条件下养护 7 d 后去掉覆盖物,在试验室标准条件下继续养护至 21 d,将试件浸入(20±2)℃的水中(用重物压入水面下 20 mm),48 h 后取出擦干,测试饱水状态下保温砂浆的抗压强度 f,将另外 3 个试件放入(60±2)℃的烘箱中烘干至恒重,然后冷却至室温,测试抗压强度 f_0。

(5) 热工性能的测定

纤维增强 EPS 保温砂浆导热系数参照《绝热材料稳态热阻及有关特性的测定 热流计法》(GB/T 10295—2008)[34]进行测定。在试验室温度下养护 7 d 后去掉覆盖物,在标准条件下养护 21 d,放入(65±2)℃的烘箱中烘干至恒重,将表面磨平备用。使用 JW-Ⅲ型热流计式导热仪测定试件导热系数。

2.1.4 测试方法

(1) 强度试验

强度试验采用是西安建筑科技大学建筑材料研究所试验中心的 40 kN 电子万能试验机测定纤维增强 EPS 保温砂浆 28 d 的强度,其相对误差不大于±1%。加载过程如图 2-2 所示。

(a) 抗压强度试验　　(b) 抗折强度试验

图 2-2 试件加载过程

(2) 导热系数测定

试验所采用的导热系数测定仪是西安建筑科技大学建筑学院试验室的 TPMBE-300Ⅱ平板导热系数测定仪,用于测量 EPS 保温砂浆的导热系数,测定过程如图 2-3 所示。

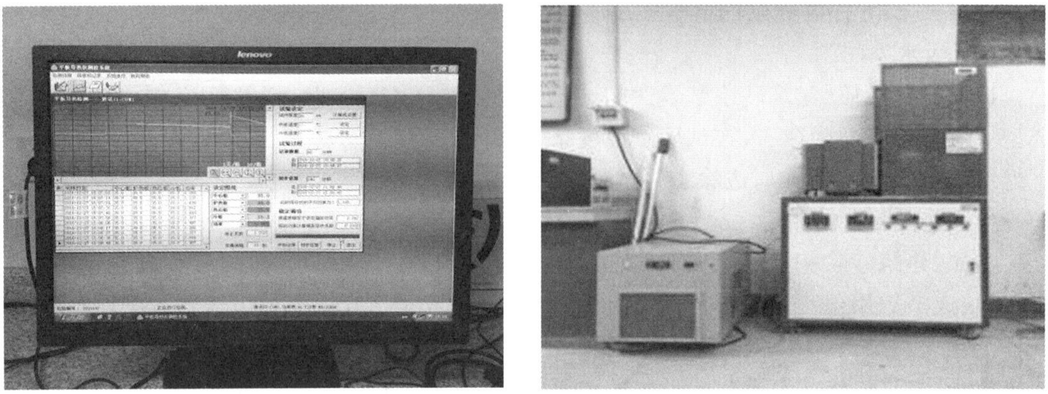

图 2-3　导热系数测试

2.2 试验现象

2.2.1 受压破坏

试件加载后，首先在试块受压边缘出现细小裂缝；随着荷载的增大，有细小碎屑脱落，出现沿 45°角的斜裂缝，裂缝不断发展延伸至试件角部；继续加载，裂缝加宽加深，承载力降低，变形加快增长，裂缝处 EPS 颗粒破裂，伴随碎屑脱落，变形严重。试块最后的破坏形态为 45°斜裂缝贯穿整个试块，形成正倒相连的八字形裂缝破坏形态。虽然试块在承压过程中变形较大，但整体性相对完好，最后破坏形态呈塑性破坏，如图 2-4 所示。

图 2-4　纤维增强 EPS 保温砂浆立方体受压破坏形态

2.2.2 抗折破坏

纤维增强 EPS 保温砂浆试件抗折试验中，由于混杂纤维（木纤维、聚丙烯纤维）呈多维分布且能够与纤维增强 EPS 保温砂浆试块中的胶凝材料形成良好的结合，有效地增强了试块抑制裂缝的能力，使原有的内在缺陷点在荷载作用下引发的微裂缝随着外荷载的增加而稳定地张开。试块在承压过程中保持良好的完整性没有出现明显的剥落现象，尽管整体性较为完好，但最终呈现塑性破坏的特征。抗折破坏如图 2-5 所示。

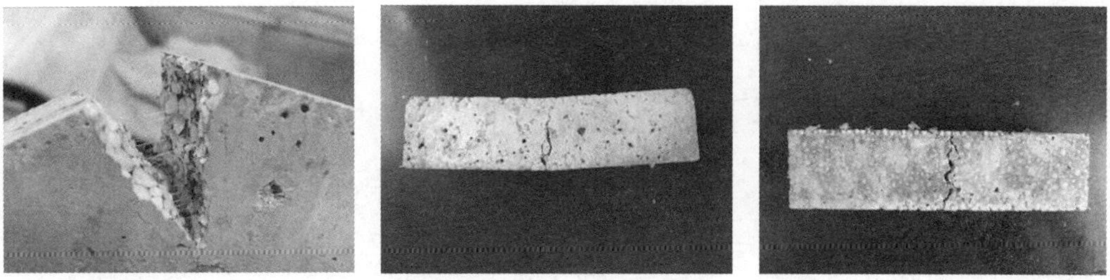

图 2-5 纤维增强 EPS 保温砂浆试件抗折破坏形态

2.3 试验结果分析

2.3.1 正交试验结果

正交试验结果如表 2-6 所示。

表 2-6 试验结果

试件编号	抗压强度/MPa	抗折强度/MPa	压折比	软化系数	导热系数/[W/(m^2·K)]	吸水率	密度/(kg/m^3)
BW-1	1.38	0.54	2.56	0.96	0.121	0.76	502.91
BW-2	1.88	1.07	1.76	0.97	0.137	0.60	527.88
BW-3	2.27	0.75	3.03	0.66	0.124	1.02	535.45
BW-4	0.89	0.80	1.10	0.84	0.104	1.20	377.54
BW-5	1.13	0.88	1.28	0.84	0.110	1.24	411.54
BW-6	1.04	0.75	1.39	0.65	0.117	1.51	412.01
BW-7	0.84	0.66	1.28	0.69	0.101	1.22	344.69
BW-8	0.70	0.68	1.03	0.81	0.102	1.15	355.58
BW-9	0.74	0.43	1.71	0.70	0.133	1.73	353.70
BW-10	1.33	0.82	1.62	0.87	0.141	1.69	458.31
BW-11	1.44	0.97	1.49	0.85	0.144	0.58	517.08
BW-12	2.06	0.90	2.28	0.66	0.137	1.01	523.36
BW-13	0.73	0.63	1.15	0.82	0.143	3.10	388.09
BW-14	1.24	0.91	1.36	0.88	0.140	0.89	410.01
BW-15	1.25	0.98	1.27	0.81	0.105	1.57	422.38
BW-16	0.84	0.77	1.09	0.89	0.097	1.56	369.23
BW-17	0.76	0.76	1.00	0.61	0.118	2.12	315.76
BW-18	0.72	0.59	1.22	0.86	0.116	1.35	345.39

2.3.2 各因素水平影响分析

(1) 聚苯颗粒掺量

聚苯颗粒掺量对纤维增强 EPS 保温砂浆的性能影响,如图 2-6 所示。

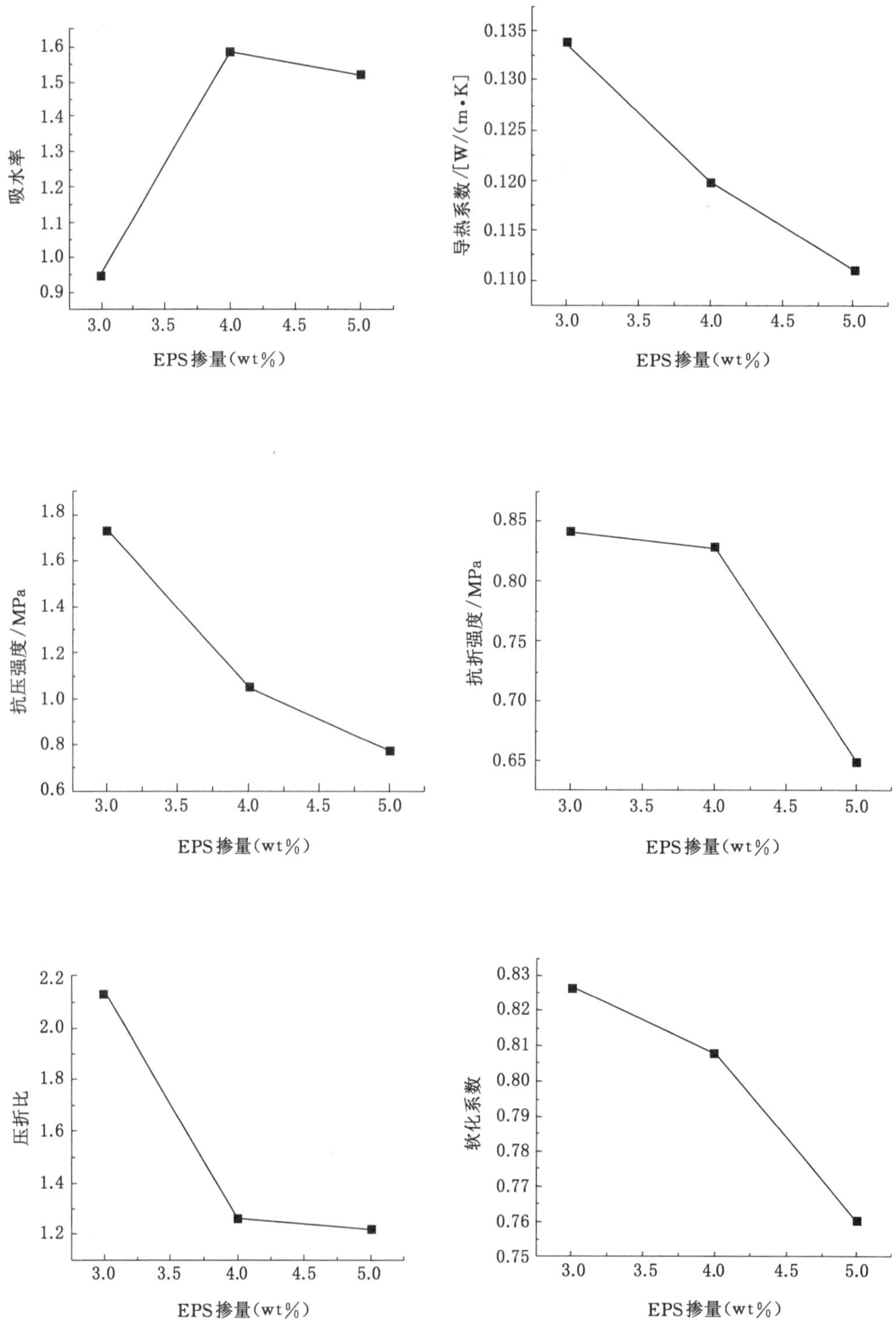

图 2-6　聚苯颗粒掺量对保温砂浆的性能影响

由图 2-6 可知，聚苯颗粒掺量的增加使得颗粒间孔隙增加，导致试件吸水率增大，导热系数降低；试件的抗压强度、抗折强度、压折比及软化系数随着聚苯颗粒掺量的增加而下降。这是由于聚苯颗粒抗压强度很低，它分散在硬化后的基体中，显著增加了水泥基体的空隙率，同时降低了基体的密实度，而用于包裹 EPS 骨料所需要的水泥浆体随 EPS 颗粒的增加而增加，因此用于黏结骨料的水泥浆体相对减少，单位体积保温砂浆中胶凝材料所占比例变少，轻骨料之间的黏结力变小，从而导致各力学强度指标均显著下降。

(2) 硅灰

硅灰掺量对纤维增强 EPS 保温砂浆的性能影响，如图 2-7 所示。

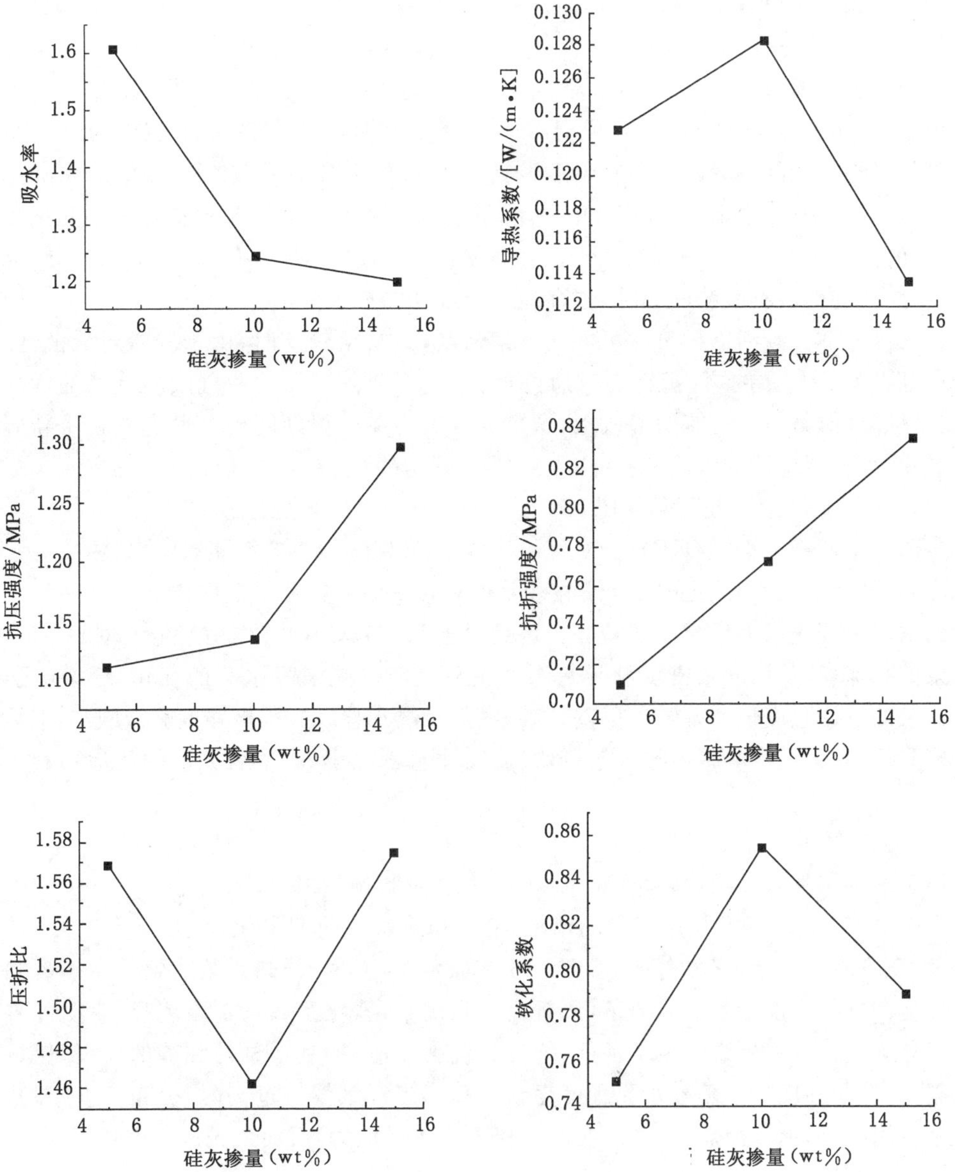

图 2-7　硅灰掺量对纤维增强 EPS 保温砂浆的性能影响

由图 2-7 可知，随硅灰用量的增加，保温砂浆的密度减小，吸水率呈下降的趋势，导热系数呈现先增大后减小的趋势；当硅灰掺量＜10％时，纤维增强 EPS 保温砂浆的抗压强度、抗折强度随硅灰掺量的增加而增大，当硅灰掺量为 10％时，压折比最小，软化系数最大；当硅灰掺量＞10％时，砂浆的压折比增大，软化系数降低。由于随着硅灰掺量的增加，水泥的比例相对减少，且硅灰本身不具有水硬胶凝性能，因此砂浆的力学性能指标值有所降低。

试验结果表明，硅灰能明显改善纤维增强 EPS 保温砂浆的力学性能，由于硅灰能够改善颗粒和基体之间的界面性能，使用硅灰可以替代某些特殊的界面黏结剂来改善颗粒与水泥胶体的黏结性能，同时能够使聚苯颗粒在水泥胶体中更均匀地分散，从而提高了纤维增强 EPS 保温砂浆的力学性能。

（3）可分散乳胶粉

可分散乳胶粉对纤维增强 EPS 保温砂浆的性能影响，如图 2-8 所示。

由图 2-8 可知，纤维增强 EPS 保温砂浆的密度前期随可分散乳胶粉掺量增加而增加，后期呈下降趋势；纤维增强 EPS 保温砂浆的吸水率随可分散乳胶粉掺量增加先减小后增大，胶粉掺量为 10％时，试件的吸水率最小；导热系数随可分散乳胶粉掺量增加先增大后减小，最低时为 0.118 W/(m·K)；压折比在胶粉掺量为 10％时达到最小值 1.32，后期增幅较大，说明胶粉能够改善砂浆的韧性，但存在一个最佳的掺量范围。

增大可分散乳胶粉的掺量时可增大砂浆强度，但掺量较高时，由于胶粉再分散性较差，容易引起分散不匀，导致抗折性能有所降低；软化系数随着可分散乳胶粉掺量的增加而下降，耐水性降低，材料韧性有明显改善，这主要是因为在养护期间可分散乳胶粉重新乳化后聚合成膜，填补了砂浆的缺陷和孔缝，裂缝的扩展得到了有效的抑制。

（4）羟丙基甲基纤维素醚（HPMC）

羟丙基甲基纤维素醚（HPMC）对纤维增强 EPS 保温砂浆的性能影响，如图 2-9 所示。

由图 2-9 可知，纤维增强 EPS 保温砂浆的密度、吸水率和导热系数随着甲基纤维素醚掺量的增加呈现先增大后减小的趋势。这是由于 HPMC 的引气作用产生大量的气泡，增加了砂浆的孔隙率，从而导致密度和导热系数下降同时影响了吸水率的变化；纤维增强 EPS 保温砂浆的抗压强度值增幅随着甲基纤维素醚的增加而降低，抗折强度略微减小，但软化系数急剧降低，当纤维素醚掺量过大时，砂浆流动性急剧减小，成型后大量的气泡不利于强度发展。

（5）混杂纤维

混杂纤维掺量对纤维增强 EPS 保温砂浆的性能影响，如图 2-10 所示。

由图 2-10 可知，随着纤维掺量的增加，密度和吸水率前期变化较小，当掺量大于 0.8％后，密度急剧减小，吸水率显著增大；在纤维掺量为 0.8％时，导热系数达到最小值 0.114，其抗压强度和抗折强度增长较为显著，压折比达到最小，软化系数增长不明显，表明纤维量的增加显著提高了保温砂浆的力学性能，纤维的抗裂效应，抑制了试件裂缝的发展，保持较好的完整性，砂浆强度的伴随着水化程度逐渐提高。当纤维掺量过高时，分布极度不均匀，从而纠结成团，反而形成薄弱点，在受拉时不仅不能传递应力，反而最先遭到破坏。

（6）减水剂

减水剂掺量对纤维增强 EPS 保温砂浆的性能影响，如图 2-11 所示。

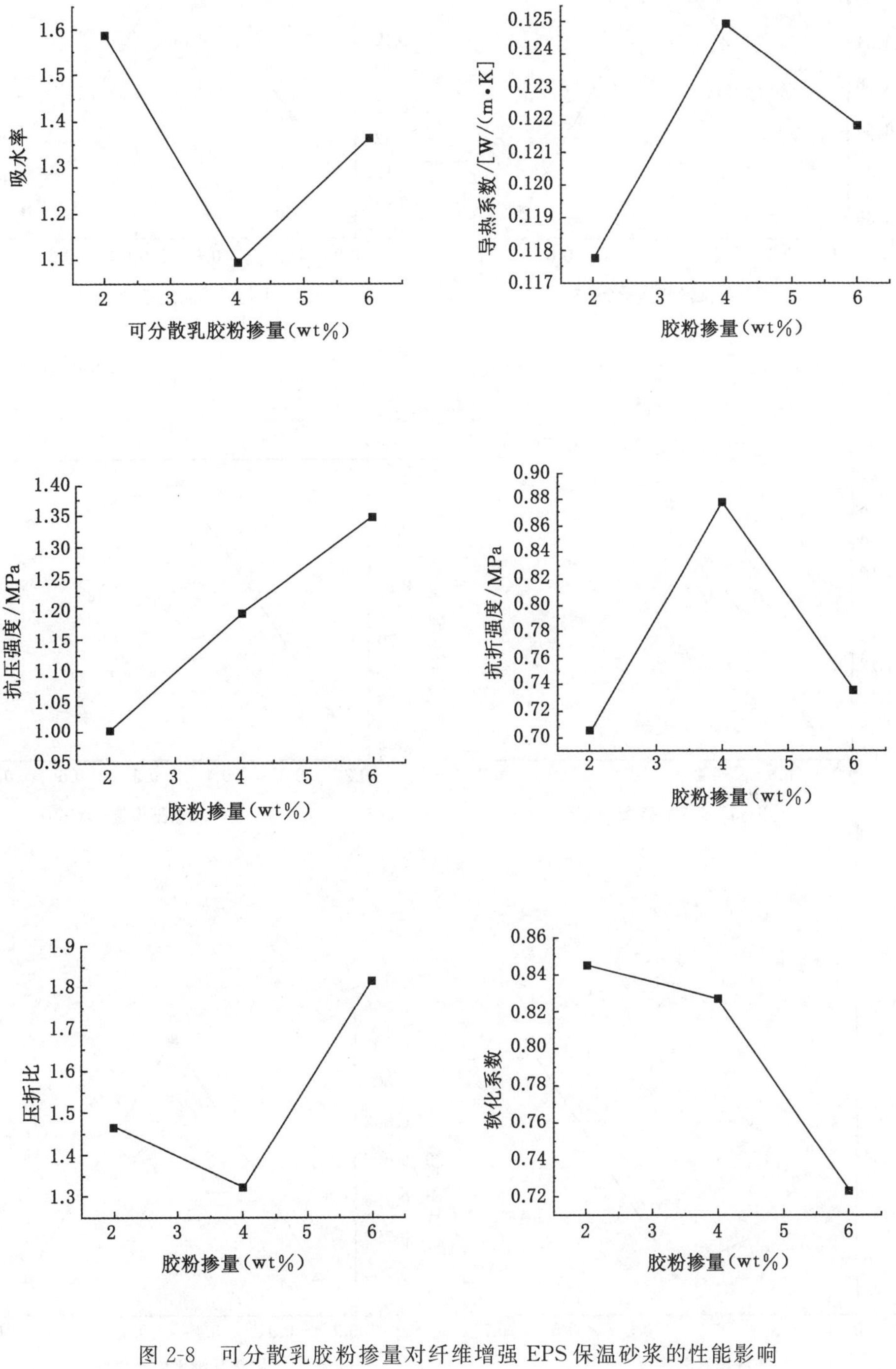

图 2-8 可分散乳胶粉掺量对纤维增强 EPS 保温砂浆的性能影响

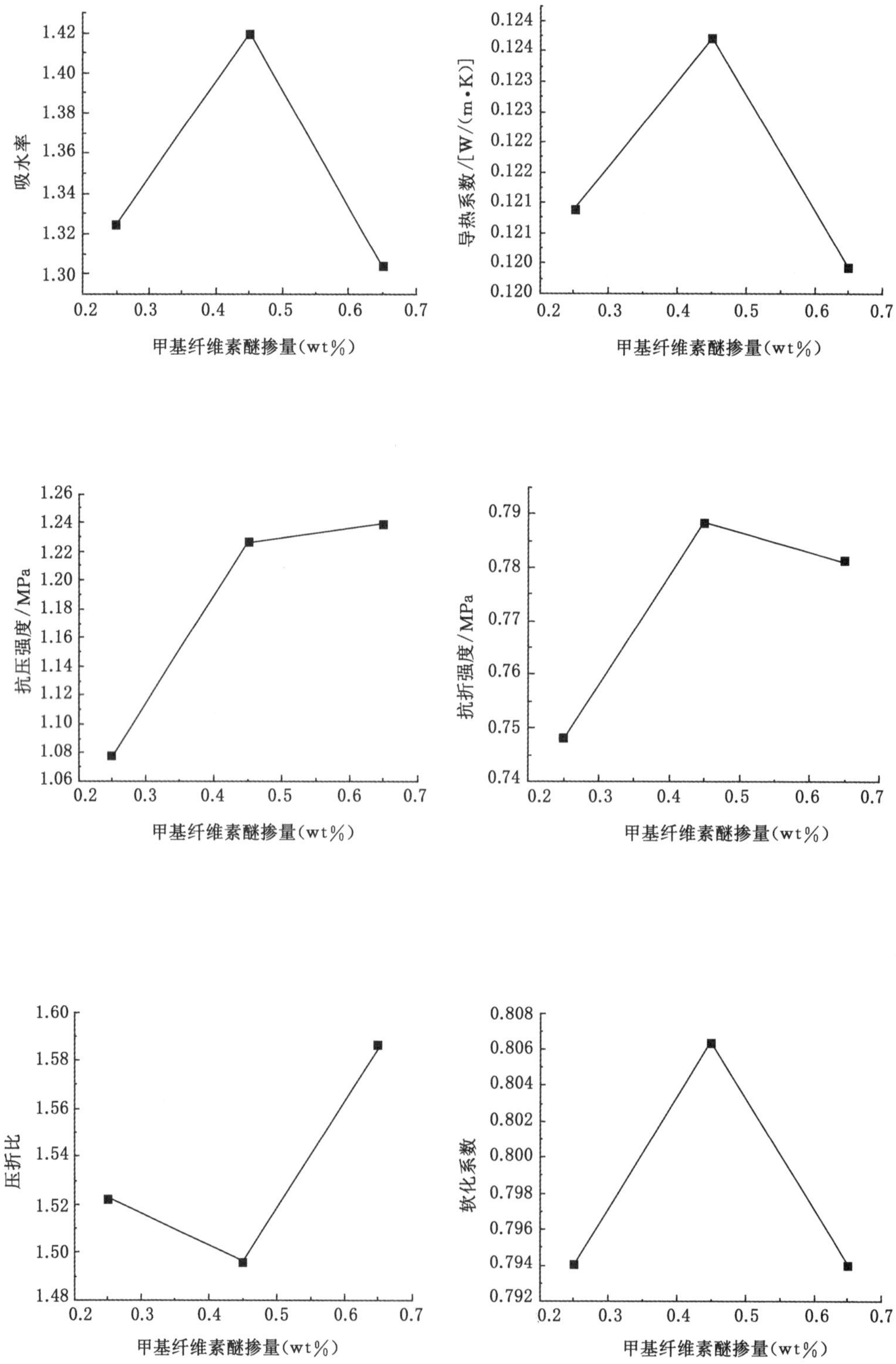

图 2-9　甲基纤维素醚掺量对纤维增强 EPS 保温砂浆的性能影响

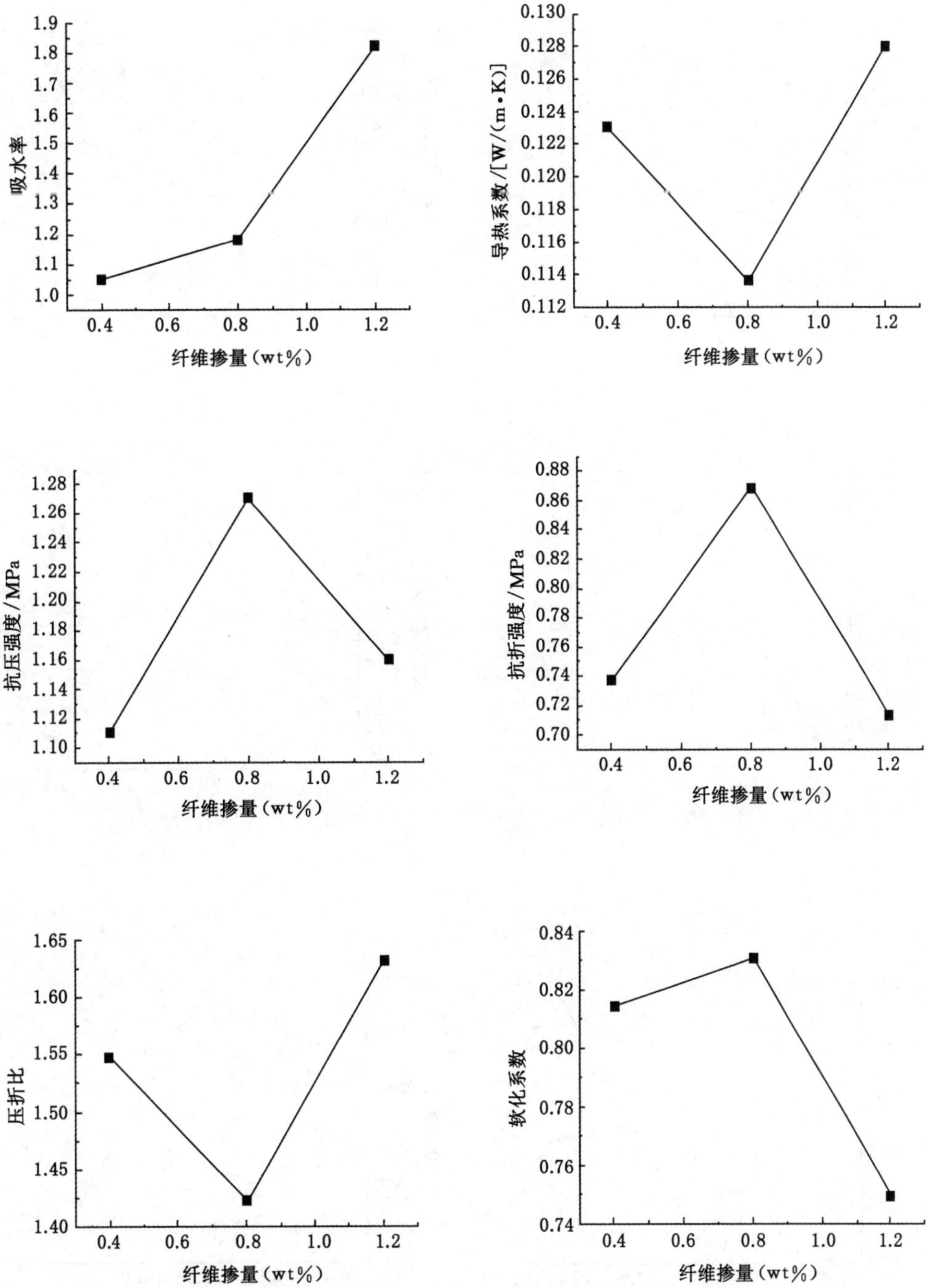

图 2-10　纤维掺量对纤维增强 EPS 保温砂浆的性能影响

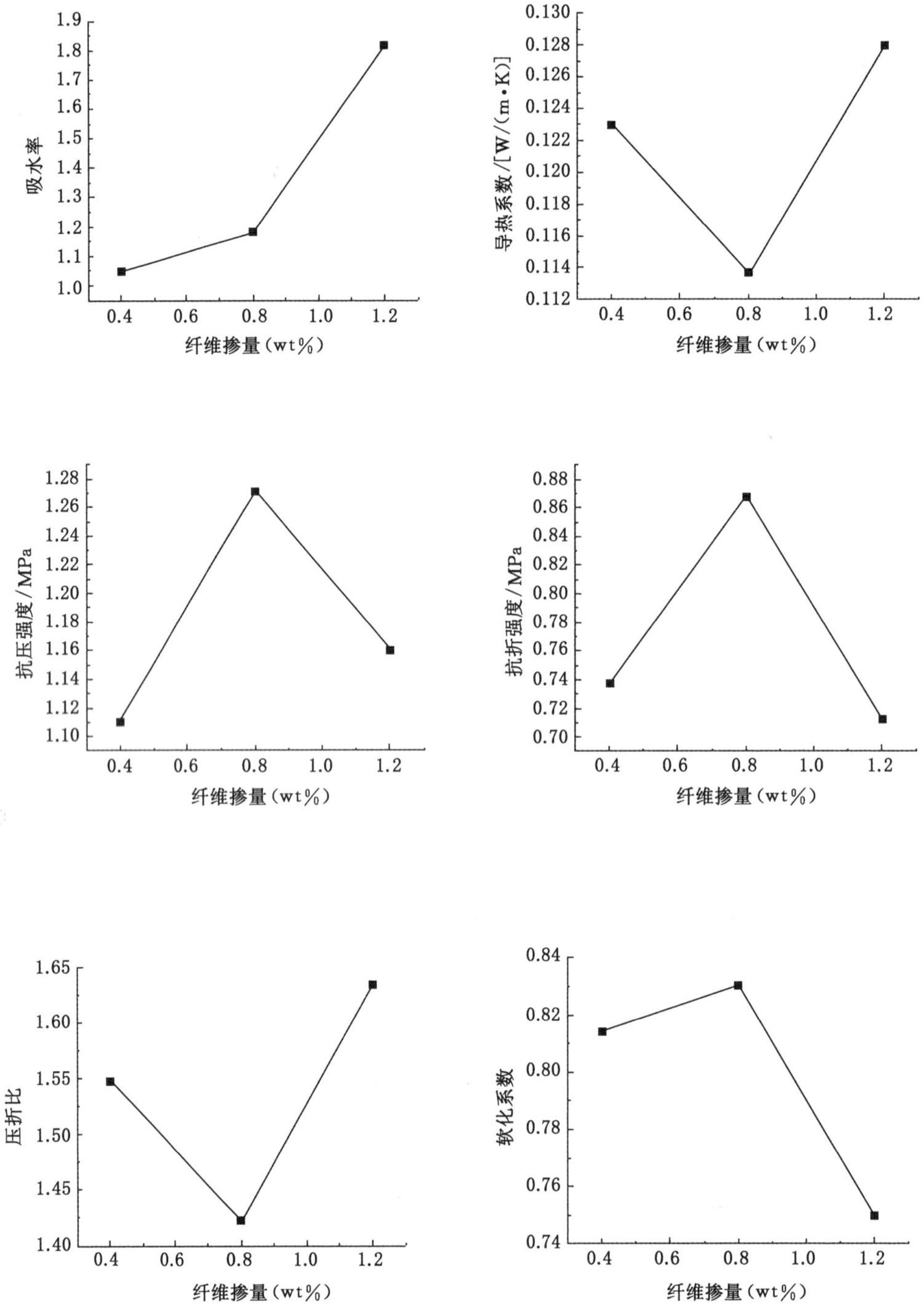

图 2-11　减水剂掺量对纤维增强 EPS 保温砂浆的性能影响

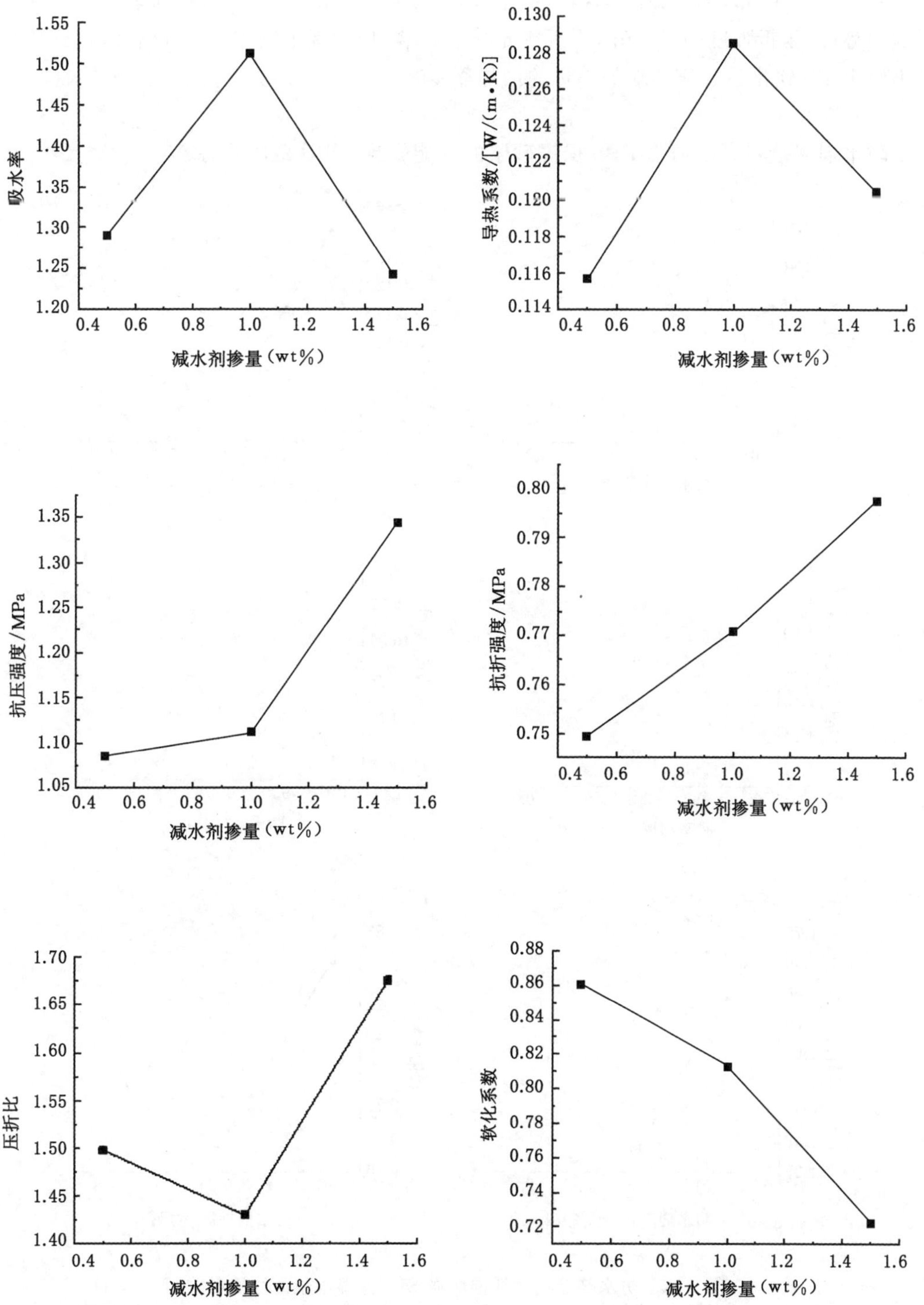

吸水率
1.55
1.50
1.45
1.40
1.35
1.30
1.25
1.20
0.4 0.6 0.8 1.0 1.2 1.4 1.6
减水剂掺量(wt%)
导热系数/[W/(m·K)]
0.130
0.128
0.126
0.124
0.122
0.120
0.118
0.116
0.114
0.4 0.6 0.8 1.0 1.2 1.4 1.6
减水剂掺量(wt%)
抗压强度/MPa
1.35
1.30
1.25
1.20
1.15
1.10
1.05
0.4 0.6 0.8 1.0 1.2 1.4 1.6
减水剂掺量(wt%)
抗折强度/MPa
0.80
0.79
0.78
0.77
0.76
0.75
0.4 0.6 0.8 1.0 1.2 1.4 1.6
减水剂掺量(wt%)
压折比
1.70
1.65
1.60
1.55
1.50
1.45
1.40
0.4 0.6 0.8 1.0 1.2 1.4 1.6
减水剂掺量(wt%)
软化系数
0.88
0.86
0.84
0.82
0.80
0.78
0.76
0.74
0.72
0.4 0.6 0.8 1.0 1.2 1.4 1.6
减水剂掺量(wt%)

图 2-11 (续)

由图 2-11 可知，随着减水剂掺量的增加，其密度、吸水率、导热系数都呈现先增加后降低的趋势；抗压折强度明显提升，压折比先减小后增加，在减水剂掺量为 1%时，达到压折比最小值 1.43；软化系数随减水剂掺量的增加逐步减小。

（7）防水剂

防水剂掺量对纤维增强 EPS 保温砂浆的性能影响，如图 2-12 所示。

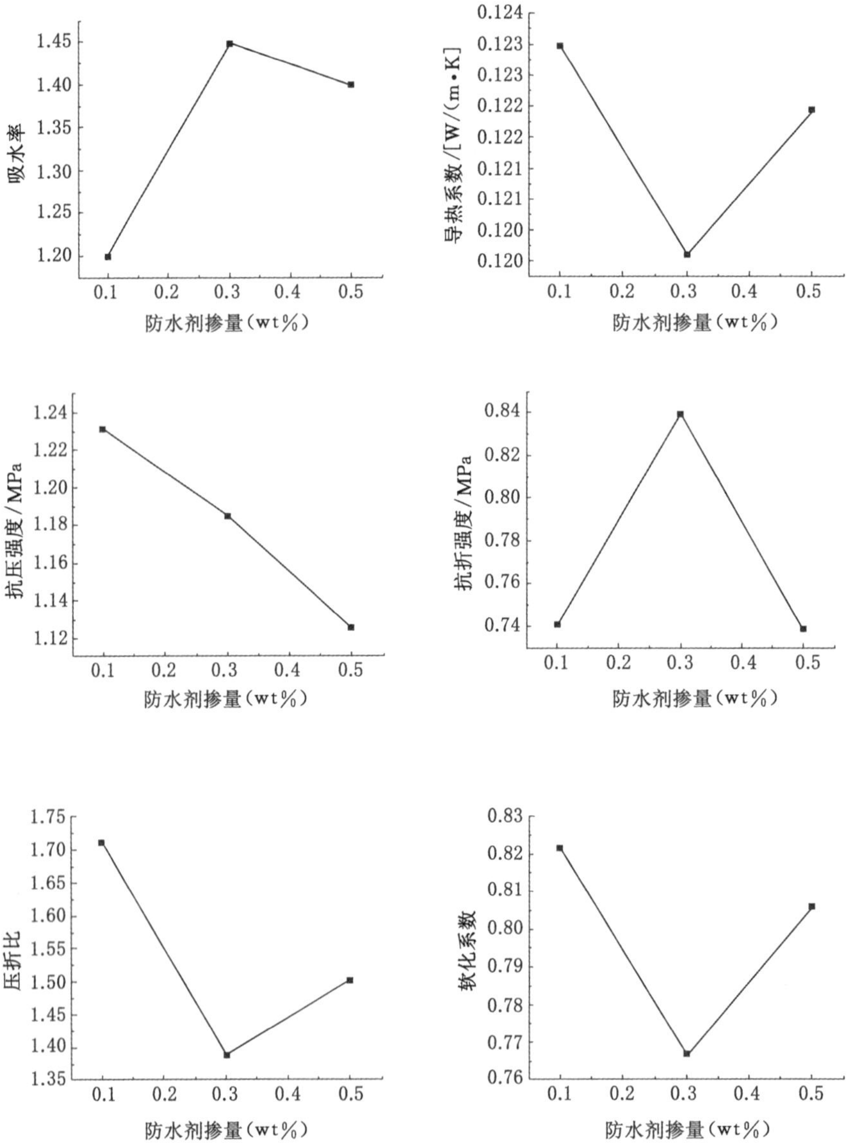

图 2-12　防水剂掺量对纤维增强 EPS 保温砂浆的性能影响

由图 2-12 可知，随着防水剂掺量的增加，纤维增强 EPS 保温砂浆的密度和导热系数先减小后增大；防水剂使砂浆中成孔的孔径变小，并逐步转变为封闭孔，孔之间不相贯通，体积吸水率的下降速度期初明显继而放缓，说明砂浆的耐水性能提高。

2.3.3 极差分析

纤维增强EPS保温砂浆各测试指标的极差分析表，见表2-7所示。

表2-7 正交试验结果极差分析表

	密度/(kg/m³)						
	A	B	C	D	E	F	G
K_1	3 042.35	2 421.27	2 484.64	2 549.44	2 462.37	2 548.98	2 492.72
K_2	2 430.36	2 566.44	2 551.50	2 573.51	2 501.28	2 472.08	2 550.48
K_3	2 077.66	2 562.53	2 513.40	2 428.60	2 586.49	2 528.98	2 507.54
R	964.68	145.47	67.26	145.71	123.52	76.80	57.36
k_1	507.07	403.66	414.19	424.84	410.66	424.71	415.52
k_2	405.05	427.91	425.22	428.67	416.70	412.73	425.21
k_3	346.23	427.72	418.38	404.48	431.83	421.65	417.66
	吸水率/%						
	A	B	C	D	E	F	G
K_1	5.65	9.52	7.95	6.30	9.64	7.19	7.75
K_2	9.51	6.57	8.51	7.08	7.44	8.69	9.07
K_3	9.11	8.18	7.82	10.90	7.20	8.40	7.45
R	3.86	2.95	0.69	4.60	2.44	1.50	1.62
k_1	0.94	1.59	1.32	1.05	1.61	1.20	1.29
k_2	1.58	1.10	1.42	1.18	1.24	1.45	1.51
k_3	1.52	1.36	1.30	1.82	1.20	1.40	1.24
	导热系数/[W/(m·K)]						
	A	B	C	D	E	F	G
K_1	0.802	0.707	0.725	0.738	0.737	0.738	0.694
K_2	0.719	0.750	0.742	0.681	0.770	0.718	0.771
K_3	0.666	0.731	0.720	0.768	0.681	0.732	0.722
R	0.136	0.043	0.023	0.087	0.089	0.020	0.077
k_1	0.134	0.118	0.121	0.123	0.123	0.123	0.116
k_2	0.120	0.125	0.124	0.114	0.128	0.120	0.128
k_3	0.111	0.122	0.120	0.128	0.113	0.122	0.120
	抗压强度/MPa						
	A	B	C	D	E	F	G
K_1	10.37	6.01	6.46	6.66	6.67	7.39	6.52
K_2	6.28	7.15	7.36	7.62	6.80	7.11	6.67

表 2-7(续)

	抗压强度/MPa						
	A	B	C	D	E	F	G
K_3	4.60	8.09	7.43	6.96	7.78	6.75	8.06
R	5.77	2.08	0.97	0.96	1.11	0.64	1.55
k_1	1.73	1.00	1.08	1.11	1.11	1.23	1.09
k_2	1.05	1.19	1.23	1.27	1.13	1.18	1.11
k_3	0.77	1.35	1.24	1.16	1.30	1.13	1.34
	抗折强度/MPa						
	A	B	C	D	E	F	G
K_1	5.05	4.23	4.49	4.42	4.26	4.44	4.50
K_2	4.96	5.27	4.73	5.21	4.63	5.04	4.63
K_3	3.89	4.41	4.69	4.27	5.01	4.43	4.79
R	1.15	1.04	0.24	0.94	0.75	0.61	0.29
k_1	0.84	0.70	0.75	0.74	0.71	0.74	0.75
k_2	0.83	0.88	0.79	0.87	0.77	0.84	0.77
k_3	0.65	0.74	0.78	0.71	0.84	0.74	0.80
	压折比						
	A	B	C	D	E	F	G
K_1	12.75	8.80	9.13	9.29	9.41	10.28	8.99
K_2	7.55	7.92	8.97	8.54	8.77	8.33	8.58
K_3	7.32	10.90	9.52	9.80	9.44	9.02	10.06
R	5.43	2.98	0.54	1.26	0.67	1.95	18.64
k_1	2.13	1.47	1.52	1.55	1.57	1.71	1.50
k_2	1.26	1.32	1.50	1.42	1.46	1.39	1.43
k_3	1.22	1.82	1.59	1.63	1.57	1.50	1.68
	软化系数						
	A	B	C	D	E	F	G
K_1	4.96	5.07	4.76	4.89	4.50	4.93	5.16
K_2	4.85	4.96	4.84	4.98	5.13	4.60	4.88
K_3	4.56	4.34	4.76	4.50	4.74	4.84	4.33
R	0.40	0.73	0.07	0.48	0.62	0.33	0.83
k_1	0.83	0.84	0.79	0.81	0.75	0.82	0.86
k_2	0.81	0.83	0.81	0.83	0.85	0.77	0.81
k_3	0.76	0.72	0.79	0.75	0.79	0.81	0.72

由正交试验结果极差分析表可知，根据纤维增强 EPS 保温砂浆各性能指标的影响因素的差异，可知不同的性能目标可得到不同的最优配合比，在实际工程设计使用过程中，既要

保证纤维增强 EPS 保温砂浆有较好的基本性能及力学性能，又要达到建筑节能的标准，因此，应对其各个掺量进行优化配比，如表 2-8 所示。

表 2-8 基于性能指标的纤维增强 EPS 保温砂浆最优配合比

序号	性能目标	最优配比	影响因素主次顺序
1	干表观密度	$A_3B_1C_3D_3E_1F_2G_1$	A>B>D>E>F>C>G
2	吸水率	$A_1B_2C_3D_1E_3F_1G_3$	D>A>B>E>G>F>C
3	导热系数	$A_3B_1C_3D_2E_3F_2G_1$	A>E>D>G>B>C>F
4	抗压强度	$A_1B_3C_3D_2E_3F_1G_1$	A>B>G>E>C>D>F
5	抗折强度	$A_1B_2C_2D_2E_3F_2G$	A>B>D>E>F>G>C
6	压折比	$A_3B_2C_2D_2E_2F_2G_2$	A>B>F>G>D>E>C
7	软化系数	$A_1B_1C_2D_2E_2F_1G_1$	G>B>E>D>A>F>C

2.3.4 方差分析

极差法不能够区分数据波动是由因素水平的改变还是试验误差引起的，因而不能显示试验误差的大小。各因素水平在各个性质指标变化过程中的作用没有统一的评判标准。如果因素水平显著，则应分清这些因素水平之间是否有显著的差别，这对解决实际问题具有现实意义。因此，对试验结果进行了方差分析。方差分析表如表 2-9 所示。

表 2-9 方差分析表

密度方差分析表				
方差来源	平方和 S_i	自由度	均方	F
因素 A	79 420.51	2	39 710.25	26.02
因素 B	2 277.53	2	1 138.77	0.75
因素 C	380.14	2	190.07	0.12
因素 D	2 014.84	2	1 007.42	0.66
因素 E	1 328.74	2	664.37	0.44
因素 F	518.03	2	259.01	0.17
因素 G	296.47	2	148.24	0.10
误差	1 526.19	2	763.10	
总和	87 762.45	17		
吸水率方差分析表				
方差来源	平方和 S_i	自由度	均方	F
因素 A	1.50	2	0.75	1.05
因素 B	0.73	2	0.36	0.51
因素 C	0.05	2	0.02	0.03
因素 D	2.02	2	1.01	1.41
因素 E	0.60	2	0.30	0.42

表 2-9(续)

吸水率方差分析表

方差来源	平方和 S_i	自由度	均方	F
因素 F	0.21	2	0.10	0.15
因素 G	0.25	2	0.12	0.17
误差	0.71	2	0.36	
总和	6.06	17		

导热系数方差分析表

方差来源	平方和 S_i	自由度	均方	F
因素 A	0.001 57	2	0.000 79	0.99
因素 B	0.000 15	2	0.000 08	0.10
因素 C	0.000 05	2	0.000 02	0.03
因素 D	0.000 64	2	0.000 32	0.40
因素 E	0.000 67	2	0.000 34	0.42
因素 F	0.000 04	2	0.000 02	0.02
因素 G	0.000 50	2	0.000 25	0.31
误差	0.000 80	2	0.000 40	
总和	0.004 42	17		

抗压强度方差分析表

方差来源	平方和 S_i	自由度	均方	F
因素 A	2.93	2	1.47	16.87
因素 B	0.36	2	0.18	2.09
因素 C	0.10	2	0.05	0.56
因素 D	0.08	2	0.04	0.46
因素 E	0.12	2	0.06	0.70
因素 F	0.03	2	0.02	0.20
因素 G	0.24	2	0.12	1.39
误差	0.09	2	0.04	
总和	3.96	17		

抗折强度方差分析表

方差来源	平方和 S_i	自由度	均方	F
因素 A	0.14	2	0.07	1.66
因素 B	0.10	2	0.05	1.23
因素 C	0.01	2	0.00	0.07
因素 D	0.08	2	0.04	1.02
因素 E	0.05	2	0.02	0.57
因素 F	0.04	2	0.02	0.48
因素 G	0.01	2	0.00	0.08

表 2-9(续)

抗折强度方差分析表

方差来源	平方和 S_i	自由度	均方	F
误差	0.04	2	0.02	
总和	0.47	17		

压折比方差分析表

方差来源	平方和 S_i	自由度	均方	F
因素 A	3.14	2	1.57	2.16
因素 B	0.78	2	0.39	0.54
因素 C	0.03	2	0.01	0.02
因素 D	0.13	2	0.07	0.09
因素 E	0.05	2	0.02	0.03
因素 F	0.32	2	0.16	0.22
因素 G	0.19	2	0.10	0.13
误差	0.73	2	0.36	
总和	5.37			

软化系数方差分析表

方差来源	平方和 S_i	自由度	均方	F
因素 A	0.01	2	0.01	0.42
因素 B	0.05	2	0.03	1.57
因素 C	0.00	2	0.00	0.02
因素 D	0.02	2	0.01	0.66
因素 E	0.03	2	0.02	1.00
因素 F	0.01	2	0.00	0.30
因素 G	0.06	2	0.03	1.78
误差	0.02	2	0.01	
总和	0.21	17		

由各性能方差分析表可知，各个纤维增强 EPS 保温砂浆各性能目标的影响因素主次顺序与极差分析的结果相同。

对于保温承重一体化复合墙体而言，既要保证纤维增强 EPS 保温砂浆有较好的基本性能及力学性能，又要达到建筑保温的效果，满足建筑节能的要求。结合试验结果分析，为满足工程设计需要的纤维增强 EPS 保温砂浆的性能指标，如表 2-10 所示。为达到表 2-10 所示的检验指标，可用纤维增强 EPS 保温砂浆夹芯保温复合墙保温层的优化配比建议值，如表 2-11 所示。

表 2-10　纤维增强 EPS 保温砂浆性能指标

检验项目	湿表观密度	干表观密度	导热系数	蓄热系数	抗压强度	压剪黏结强度	线性收缩率	软化系数
检验指标	≤420 kg/m^3	180～250 kg/m^3	≤0.060 $W/(m^2\cdot K)$	≥0.95 $(m^2\cdot K)/W$	≥200 KPa	≥50 KPa	≤0.3%	≥0.5

表 2-11　纤维增强 EPS 保温砂浆优化配比建议值

	因素						
水平	$V_{EPS}/M_{水泥}$	胶粉	甲基纤维素醚	纤维掺量	硅粉	防水剂	减水剂
	5	2%	0.65%	0.8%	15%	0.3%	0.5%

2.4　基本力学性能及单轴本构关系研究

2.4.1　试验简介

纤维增强 EPS 保温砂浆力学试验使用的立方体试件及棱柱体试件，均采用正交试验所得的最优配比，如表 2-11 所示。

立方体抗压强度试验使用 DNS300 电子万能试验机，采取位移控制的加载方式，加载速度 1 mm/min，相对误差在±1%以内，加载过程如图 2-13 所示。

图 2-13　立方体抗压强度的测量

轴心抗压强度试验使用 CMT5101 机械式万能试验机，采取位移控制的加载方式，加载速度 0.2 mm/min，相对误差范围为±0.5%～±1%，加载过程如图 2-14 所示。

2.4.2　试验现象

（1）立方体抗压强度

加载初期，首先在试块受压边缘上下部出现细小的裂缝；随着荷载的增大，细小碎屑脱落，出现沿 45°角的斜裂缝，裂缝不断发展延伸至试块上下角部；继续加载，裂缝加宽加深，承载力降低，变形加快增长，裂缝处 EPS 颗粒破裂，伴随碎屑脱落，变形严重。最后的破坏

图 2-14　轴心抗压强度的测量

形态为 45°斜裂缝贯穿整个试块，形成正倒相连的八字形裂缝破坏形态。承压过程中试块的变形较大，但整体性比较完好，最后呈塑性破坏。各混凝土立方体试块的典型破坏形态如图 2-15 所示。

图 2-15　立方体受压破坏形态

(2) 轴心受压试验

加载初期，首先在试块受压边缘上下部出现细小的裂缝；随着荷载的增大，裂缝逐渐加大，荷载接近峰值时，中部出现贯通竖直裂缝；继而端部斜裂缝随着荷载的持续增大逐渐连通，竖直裂缝深而宽。最终破坏为裂缝处有鼓起，并伴有碎屑脱落，试块变形较大，但仍保持良好的完整性。棱柱体的最终破坏形态如图 2-16 所示。

纤维增强 EPS 保温砂浆的应力-应变曲线如图 2-17 所示，上升段存在若干起伏跌宕段，其作用力先上升到线性峰值点，而后跌落回去，经过猛烈的波动后，应力-应变曲线时而又上升到线性峰值点，再跌落回去，再上升到低于起始的峰值点，这个过程经常要经历数个下降段后才能逐渐趋于平稳。这种特殊的全曲线形态是由 EPS 颗粒的性质决定的，EPS 颗粒属于多孔的固体材料，EPS 的压缩过程实际上是颗粒孔壁不断屈服、继而坍塌、再密实的过程，这个过程是分批次进行的，因此纤维增强 EPS 保温砂浆的压缩应力-应变全曲线在加载前期表现为线弹性，之后出现一个振荡的坍塌平台，接着应力由于孔穴的密实化进行重分布后又升高。

纤维增强 EPS 保温砂浆由于 EPS 的掺量较大，因而密度较低，其应力-应变曲线接近于

图 2-16　纤维增强 EPS 保温砂浆棱柱体受压破坏形态

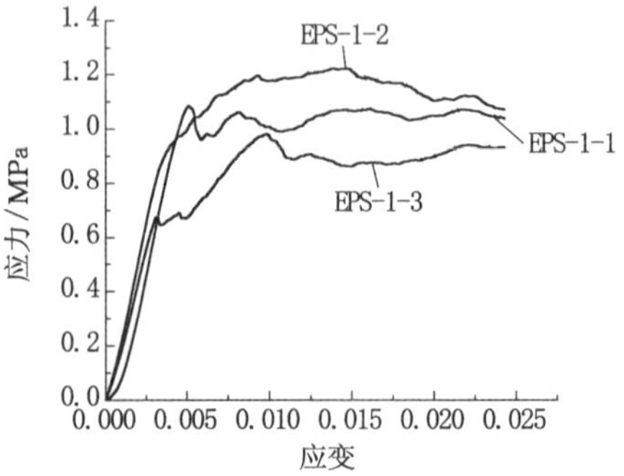

图 2-17　试件 EPS-1 单轴受压试验曲线

EPS 颗粒的位移特征。纤维增强 EPS 保温砂浆应力-应变曲线上长长的坍塌平台，使其具有较好的变形能力，从而在一定荷载下可以进行较大的能量吸收。由图 2-17 可知，在坍塌平台上出现了不稳定的峰值波动，对纤维增强 EPS 保温砂浆的可靠性影响较大。纤维增强 EPS 保温砂浆的应力-应变全曲线可归纳为弹性阶段、坍塌平台阶段以及应变软化阶段。

（1）弹性阶段，在应力达到极限应力的 50%～60%之前，应力与应变关系近似为直线，应力随应变增大而增大，试块表面无明显裂纹出现。

（2）坍塌平台阶段，应力达到极限应力的 80%～90%后，EPS 开始出现孔壁坍塌（分批次进行），呈现出阶段性屈服，EPS 孔壁变形完成后，应力由于孔穴的密实化在混凝土内部进行了重分布，应力值浮动于峰值应力范围内。在此阶段，试块表面开始出现细微裂纹，裂纹随着载荷的增大而逐渐扩展。

（3）应变软化阶段，随着应变的增长，应力逐渐进入下降阶段，且下降段的斜率较小，在此范围内应变值仍持续增加，试块随着应变的持续增加，逐渐呈现出强烈的塑性，直到试块破坏没有显现脆性破坏的特征为止。

2.4.3　单轴受压损伤本构方程

根据纤维增强 EPS 保温砂浆在单轴受压破坏过程中的损伤机理，考虑塑性与损伤的耦合关系，在传统的连续损伤力学和塑性力学框架下，研究不可恢复变形的发展，建立纤维增强 EPS 保温砂浆弹塑性本构模型。基于试验数据，确定模型参数，通过已有单轴荷载作用下的试验数据对本书提出的模型进行检验。

2.4.3.1 弹塑性本构模型的建立

(1) 损伤变量

在宏观裂缝出现前，在荷载或其他因素作用下，材料内部结构已经出现微裂缝及微空隙等缺陷，从而引起的材料或结构的劣化过程称为损伤[31]。在损伤力学中，所有离散分布的微缺陷都被看作是连续的，这些微缺陷演化时对材料造成不同程度的影响，可以用场变量表示损伤因子，将其称为损伤变量[32]。

本书假定材料损伤是各向同性的，用宏观力学的方法引入损伤变量作为本构关系中的内变量，建立可描述损伤变量变化规律的演化方程及有损伤材料的物理本构方程。

(2) 应力映射

在连续介质损伤力学中，有效应力被定义为一种利用损伤变量来描述无损材料中，受损材料与无损材料在几何构型上的相对关系的物理量[32]。

通过损伤变量 D，有效应力可表达为：

$$\tilde{\sigma} = \frac{\sigma}{1-D} \tag{2-1}$$

式中，$\tilde{\sigma}$ 为有效应力；σ 为名义应力；D 为损伤变量。

(3) 弹性刚度退化

在名义应力作用下受损材料的应变响应与在有效应力作用下无损材料的应变响应可以看作是等效的[32]。因而根据等效应变假设，材料的线弹性本构关系可用式(2-2)表示：

$$\varepsilon^e = \frac{\sigma}{\tilde{E}} = \frac{\tilde{\sigma}}{E} \tag{2-2}$$

式中，ε^e 为弹性应变；σ 为名义应力；$\tilde{E}$ 为受损材料的弹性模量；$\tilde{\sigma}$ 为有效应力；E 为无损材料的弹性模量。

在有效应力空间中，混凝土的弹性刚度被认为始终保持为初始值不变，而在名义应力空间中，则被认为会随着损伤变量的演化而退化[33]。因此由式(2-1)和式(2-2)可得：

受损材料的弹性模量 $\tilde{E}$ 为：

$$\tilde{E} = E(1-D) \tag{2-3}$$

劣化前后的弹性模量为：

$$D = 1 - \frac{\tilde{E}}{E} \tag{2-4}$$

(4) 弹塑性模型

小变形弹塑性理论中，应变加法 ε 为弹性应变 ε^e 和塑性应变 ε^p 之和，即：

$$\varepsilon = \varepsilon^e + \varepsilon^p \tag{2-5}$$

线弹性本构模型在有效应力空间中由初始弹性模量 E_0 表示

$$\tilde{\sigma} = E_0 \cdot \varepsilon^e \tag{2-6}$$

由式(2-1)和式(2-6)可知：

$$\sigma = E_0(1-D)\varepsilon^e \tag{2-7}$$

则由式(2-5)和式(2-7)用等效塑性应变$\tilde{\varepsilon}pl$表示单轴受压损伤本构方程为：

$$\sigma_c = E_0(1-D_c)(\varepsilon - \tilde{\varepsilon}pl) \tag{2-8}$$

(5) 损伤演化方程

结合纤维增强 EPS 保温砂浆单轴受压应力-应变试验曲线的特点，对比分析各经典的各向同性弹性损伤演化，采用双折线模型表示纤维增强 EPS 保温砂浆单轴受压的损伤演化[33]，如图 2-18 所示。其损伤演化方程式为：

$$D = \begin{cases} 0, \varepsilon \leqslant \varepsilon_f \\ 1 - \dfrac{\eta - \lambda}{\eta - 1} \cdot \dfrac{\varepsilon_f}{\varepsilon} + \dfrac{1-\lambda}{\eta - 1}, \varepsilon_f \leqslant \varepsilon \leqslant \varepsilon_r \\ 1 - \lambda \dfrac{\varepsilon_f}{\varepsilon}, \varepsilon_r \leqslant \varepsilon \leqslant \varepsilon_u \\ 1, \varepsilon > \varepsilon_u \end{cases} \tag{2-9}$$

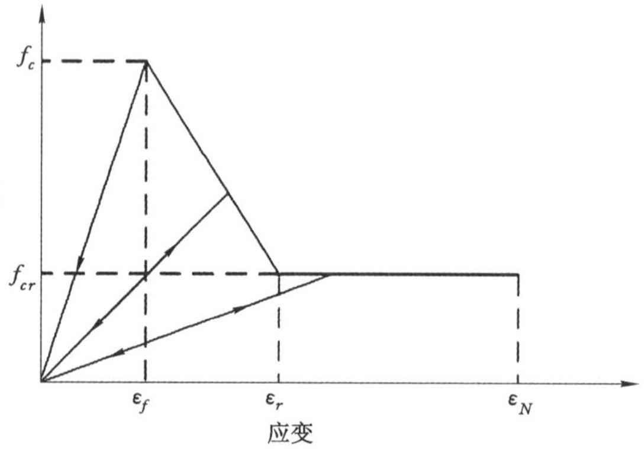

图 2-18　双折线损伤模型

式中，λ 为残余强度系数，$0<\lambda\leqslant 1$；η 为残余应变系数，$0<\eta\leqslant 5$；f_c 为混凝土各相材料的抗压强度；f_{cr} 为各相破坏单元的抗压残余强度，$f_{cr}=\lambda\times f_c$；ε_f 为单元应力达到抗压强度时的峰值压应变；ε_r 为与抗压残余强度相对应的残余应变，$\varepsilon_r=\eta\times\varepsilon_f$；$\varepsilon_u$ 为极限压应变；ε 为单元在加载历史上主压应变的最大值。

(6) 单轴受压塑性变形关系

假设压缩时的应力和应变值为正，则应力-应变曲线超过峰值应力后，开始进入软化阶段。由非弹性应变 $\tilde{\varepsilon}^{in}$ 得到硬化数据：

$$\tilde{\varepsilon}^{in} = \varepsilon_c - \varepsilon_{0c}^{el} \tag{2-10}$$

式中，$\varepsilon_{0c}^{el} = \dfrac{\sigma_c}{E_0}$。

根据压缩损伤曲线，非弹性应变值为：

$$\tilde{\varepsilon}^{pl} = \tilde{\varepsilon}^{in} - (\varepsilon^{el} - \varepsilon_{0c}^{el}) \tag{2-11}$$

式中，$\varepsilon^{el}=\dfrac{\sigma_c}{E_0(1-D)}$。

由式(2-10)、式(2-11)可得

$$\tilde{\varepsilon}^{pl}=\tilde{\varepsilon}^{in}-\frac{D_c}{(1-D_c)}\frac{\sigma_c}{E_0} \tag{2-12}$$

如果没有损伤，即 D_c-0，可得 $\tilde{\varepsilon}_c^{pl}=\tilde{\varepsilon}_c^{in}$。

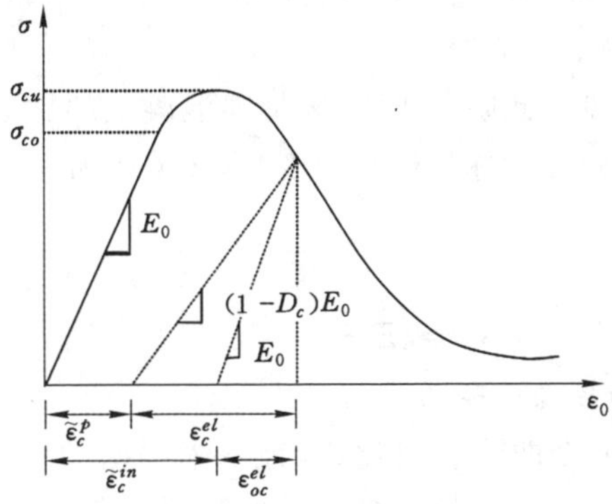

图 2-19　塑性变形

2.4.3.2　单轴受压损伤本构模型

(1) 单轴压缩过程力学特征

纤维增强 EPS 保温砂浆试件的单轴受压试验结果表明，试块的破坏过程可以大致分为弹性阶段和塑性阶段。当荷载在 0.8 倍峰值荷载以前，应力与应变近似按比例增长，表面无明显裂缝，纤维增强 EPS 保温砂浆内部的裂缝处于较稳定状态，当荷载从比例极限增加到临界荷载(峰值荷载的 90%左右)时，应变逐渐加速增长，其增长的速度超过了应力增加的速度，应力与应变曲线斜率逐渐减小，此时，试件内部的裂缝处于增大阶段，并伴随着裂缝的逐渐扩展相连。当达到峰值荷载后，变形速度继续增加，界面裂缝继续发展，纤维增强 EPS 保温砂浆表面出现可见裂缝，纤维增强 EPS 保温砂浆的应力开始随应变的增加而降低，其降低的幅度逐渐减小，最后接近水平状态，为残余强度阶段。

(2) 单轴受压损伤本构模型

根据以上单轴压缩过程力学特征，可将纤维增强 EPS 保温砂浆的受压本构模型分为三个阶段：

第一阶段：弹性阶段。此阶段不产生塑性变形，无损伤发生，本构关系为：

$$\begin{cases} D_c=0 \\ \tilde{\varepsilon}_c^{pl}=0 \qquad \varepsilon_c\leqslant\varepsilon_f \\ \sigma_c=E_0\varepsilon_c \end{cases} \tag{2-13}$$

式中，D_c 为损伤变量；E_0 为初始弹性模量；$\tilde{\varepsilon}_c^{pl}$ 为塑性应变。

第二阶段：塑性阶段。当应变超过其弹性极限应变时，开始产生塑性变形，损伤开始发生并累积，本构关系为：

$$\begin{cases} D_c = 1 - \dfrac{\eta - \lambda}{\eta - 1} \cdot \dfrac{\varepsilon_f}{\varepsilon_c} + \dfrac{1-\lambda}{\eta - 1} \\ \tilde{\varepsilon}_c^{pl} = \tilde{\varepsilon}_c^{in} - \dfrac{D_c}{1-D_c}\dfrac{\sigma_c}{E_0} \qquad \varepsilon_f < \varepsilon_c < \varepsilon_r \\ \sigma_c = (1-D_c)E_0(\varepsilon_c - \tilde{\varepsilon}_c^{pl}) \end{cases} \tag{2-14}$$

式中，λ 为残余强度系数；η 为残余应变系数；残余应变 $\varepsilon_r = \eta\varepsilon_f$；$\tilde{\varepsilon}_c^{in}$ 为非弹性应变；ε_f 为单元应力达到抗压强度时的峰值压应变。

第三阶段：残余强度阶段。此阶段 EPS 轻骨料混凝土的微裂缝逐步扩展为宏观裂缝，但仍持续保持一定的强度，此强度称为残余强度，本构关系为：

$$\begin{cases} D_c = 1 - \lambda\dfrac{\varepsilon_f}{\varepsilon_c} \qquad \varepsilon_r < \varepsilon_c \\ \sigma_c = \lambda E_0 \varepsilon_f \end{cases} \tag{2-15}$$

2.4.3.3 试验应力-应变曲线与理论曲线的对比分析

通过单轴受压应力-应变全曲线相对比，验证本书提出的纤维增强 EPS 保温砂浆的本构模型。试验所得的纤维增强 EPS 保温砂浆的初始弹性模量 E_0、峰值应力 f_c、峰值应变 ε_f、开裂应变 ε_r 如表 2-12 所示。

表 2-12　单轴受压试验结果

试件编号	初始弹性模量 E_0(MPa)	峰值应力 f_c(MPa)	峰值应变 ε_f	开裂应变 ε_r
BWS-1-1	212	1.085 73	0.005 13	0.005 82
BWS-1-2	207	1.126 22	0.004 35	0.005 96
BWS-1-3	210	1.089 43	0.005 17	0.006 13

纤维增强 EPS 保温砂浆单轴受压试验应力-应变全曲线与其损伤本构曲线如图 2-20 所示，由图示可得本书建议的纤维增强 EPS 保温砂浆的损伤本构模型与试验结果吻合较好，能够反映纤维增强 EPS 保温砂浆的单轴受压应力-应变曲线的特征。

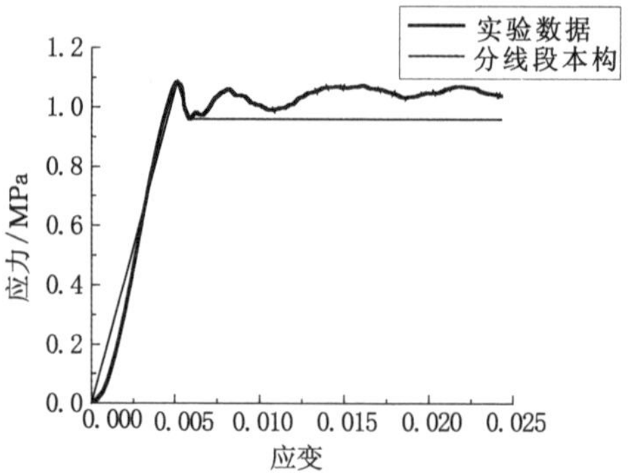

图 2-20　模型曲线与试验曲线对比

2.5 本章小结

本章通过开展纤维增强 EPS 保温砂浆正交试验研究，探究 EPS 颗粒含量、胶粉含量、硅灰含量、甲基纤维素醚、防水剂等因素水平变化对纤维增强 EPS 保温砂浆性能的影响规律，基于不同性能指标提出纤维增强 EPS 保温砂浆的最优配合比。通过力学性能试验，研究纤维增强 EPS 保温砂浆的基本力学性能，测试砂浆的基本物理、力学性能参数，建立其单轴受压损伤本构模型。可以得到：

(1) 适用于保温承重一体化复合墙体的纤维增强 EPS 保温砂浆的优化配比建议值为 $V_{EPS}/M_{水泥}$ ∶ 胶粉 ∶ 甲基纤维素醚 ∶ 纤维掺量 ∶ 硅粉 ∶ 防水剂 ∶ 减水剂 = 5 ∶ 2% ∶ 0.65% ∶ 0.8% ∶ 15% ∶ 0.3% ∶ 0.5%。

(2) 纤维增强 EPS 保温砂浆轴心抗压强度与立方体抗压强度的比值系数为 $\alpha_c = 0.8$；在加载过程中呈现明显的弹塑性，具有较好的变形能力；结合纤维增强 EPS 保温砂浆的基本物理、力学性能参数，以连续损伤力学理论和塑性理论为基础，建立的纤维增强 EPS 保温砂浆单轴受压损伤本构模型，模型拟合较好，能够反映纤维增强 EPS 保温砂浆的单轴受压应力-应变曲线的特征。

3 保温承重一体化复合墙体抗震性能试验研究

为研究保温承重一体化复合墙体在低周反复荷载作用下的受力特点和破坏机制，对1榀标准装配式复合墙体试件和3榀不同保温材料（纤维增强EPS保温砂浆夹芯保温、XPS聚苯板夹芯保温、发泡水泥外保温）的保温承重一体化复合墙体1/2比例缩尺模型进行拟静力试验，对比墙体的承载力、滞回特性、延性、刚度退化和耗能等抗震性能，从理论上探索保温承重一体化复合墙体在被动式装配复合墙结构工程中应用的可能性。

3.1 试验方案设计及制作

3.1.1 试验概况

本次对比试验共4榀试件，试件编号为PCW1、PCW2、PCW3、PCW4，试件设计详见表3-1，墙体配筋尺寸均相同，详见图3-1。

表3-1 试件设计

墙 体	水平连接	竖向连接	肋格形式	砌块材料	边缘约束构件配筋	保温形式
PCW1	马牙槎	焊接	3×3	加气混凝土砌块	6Ø8	无
PCW2	马牙槎	焊接	3×3	加气混凝土砌块	6Ø8	纤维增强EPS保温砂浆夹芯保温
PCW3	马牙槎	焊接	3×3	加气混凝土砌块	6Ø8	XPS夹芯保温
PCW4	马牙槎	焊接	3×3	加气混凝土砌块	6Ø8	发泡水泥外保温

试件制作过程主要包括底梁焊板预埋、墙板预制及墙体装配整浇三道工序，试件制作过程如图3-2～图3-4所示。

（1）焊板预埋

在底梁浇筑过程中，将焊板预埋于底梁设计位置，焊板高于底梁上平面10 mm。

（2）墙板预制

PCW1：组装钢模板，焊接墙板竖向钢筋与焊板，绑扎钢筋网片，在肋格间放置加气混凝土砌块，浇注肋梁、肋柱，形成装配式复合墙板；

PCW2：在装配式复合墙板上涂覆聚合物黏结砂浆，铺置纤维增强EPS保温砂浆，放置钢筋网片（钢筋网片高于保温砂浆层20 mm，并与钢筋连接件绑扎连接），最后浇筑保护层混凝土，形成纤维增强EPS保温砂浆夹芯保温复合墙板；

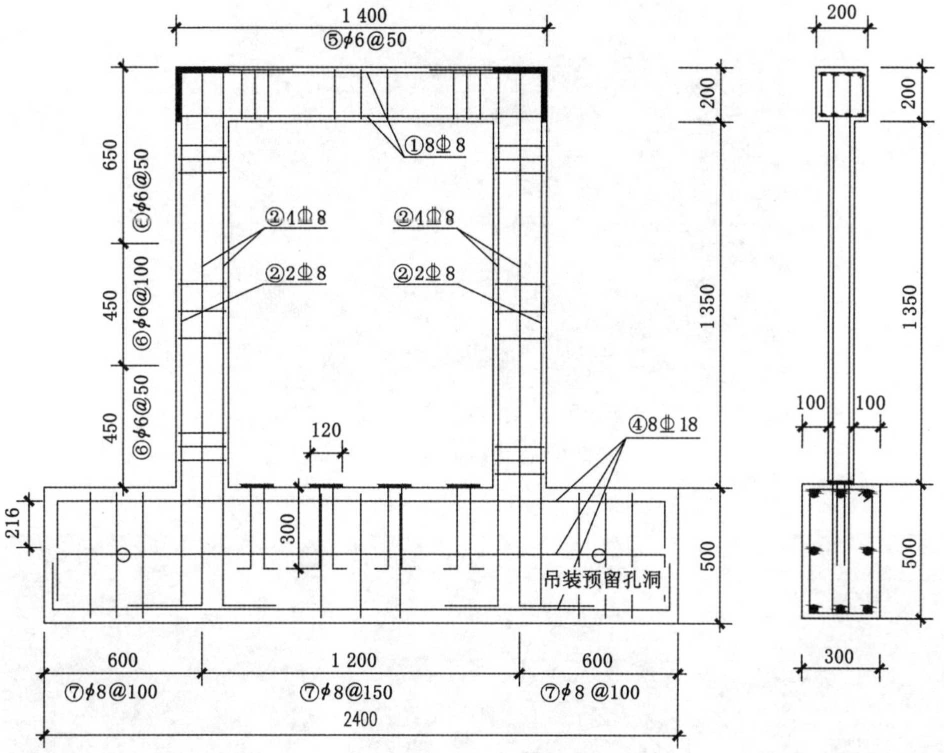

(a) 边框、底梁配筋图

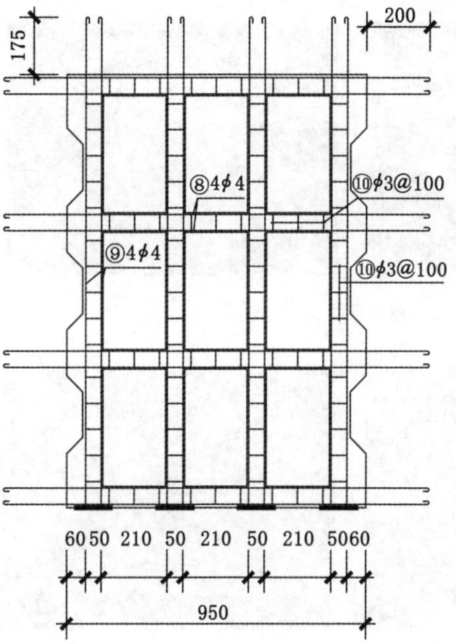

(b) 预制墙板配筋图

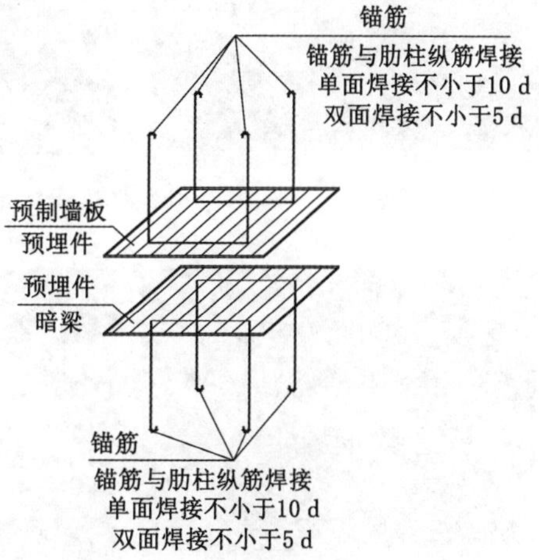

(c) 预埋件详图

图 3-1 试件尺寸及配筋图

图 3-2 连接焊板预埋

(a) PCW1 装配式复合墙板

(b) PCW2 纤维增强EPS保温砂浆夹芯保温复合墙板

(c) PCW3 XPS夹芯保温复合墙板

图 3-3 墙板预制

(d)　PCW4 发泡水泥外保温复合墙板

图 3-3　(续)

PCW3：在装配式复合墙板上涂抹 10 mm 厚的聚合物黏结砂浆，分割并铺设 XPS 保温板，安装镀锌钢丝网，安装连接件，最后浇筑细石混凝土，形成 XPS 夹芯保温复合墙板；

PCW4：当装配式复合墙板强度达到 50%后，在墙板表面涂抹 10 mm 厚聚合物黏结砂浆，同时迅速将制备好的发泡水泥浆料注模，控制厚度为 40 mm，静置 24 h 后拆模，形成气-固结构的发泡水泥，用工具将其表面平整，涂抹 10 mm 聚合物抗裂砂浆，最后把镀锌钢丝网压入抗裂砂浆中，形成发泡水泥外保温复合墙板。

(3) 装配整浇

墙板定位及就位后，预埋焊板对焊，竖向边缘构件模板支护及混凝土浇筑，形成装配式复合墙体及保温承重一体化复合墙体。

图 3-4　试件装配整浇

3.1.2　材料的物理特性

试验墙体外框和肋格混凝土型号为 C30，内填砌块为加气混凝土砌块。复合墙体材料包括钢筋、混凝土、加气块、聚合物黏结砂浆以及纤维增强 EPS 保温砂浆等。材料的力学性质如表 3-2～表 3-6 所示。

表 3-2　混凝土立方体抗压强度实测值

构件	立方体抗压强度/MPa	弹性模量/MPa	泊松系数
外框架	43.5	3.56×10^4	0.2
肋格	42.1	3.0×10^4	0.2

表 3-3　内填砌块抗压强度实测值

内填砌块种类	抗压强度/MPa	棱柱强度/MPa	弹性模量/MPa	泊松系数
A3.5	4.1	2.8	1100	0.16

表 3-4　钢筋材性

钢筋规格	屈服强度/MPa	极限强度/MPa	弹性模量/MPa
A6	205	605	2.1×10^5
C6	376	665	2.3×10^5
C8	440	590	2.3×10^5

表 3-5　聚合物黏结砂浆力学性能

砂浆	抗压强度/MPa	抗折强度/MPa	弹性模量/MPa	泊松系数
聚合物黏结砂浆	31.9	8.7	1336	0.16

表 3-6　保温材料力学性能

保温材料	干容重/(kN/m^3)	抗压强度/MPa	弹性模量/MPa	导热系数 W/(m·K)
纤维增强 EPS 保温砂浆	4.41	1.35	212	0.109
XPS 聚苯板	6.14	1.22	237	0.3
发泡水泥	5.30	1.41	192	0.107

3.2　试验过程及结果

3.2.1　测试方法

3.2.1.1　加载装置

4 榀墙体加载方案基本相同，加载装置如图 3-5 所示。

3.2.1.2　加载方案

（1）竖向加载

墙体的轴向压力按照示范工程 8 层住宅底层剪力墙体的压应力计算，轴压比为 0.3，模型竖向荷载为 350 kN，一次施加分配于加载梁上，直至竖向荷载稳定。

（2）水平荷载

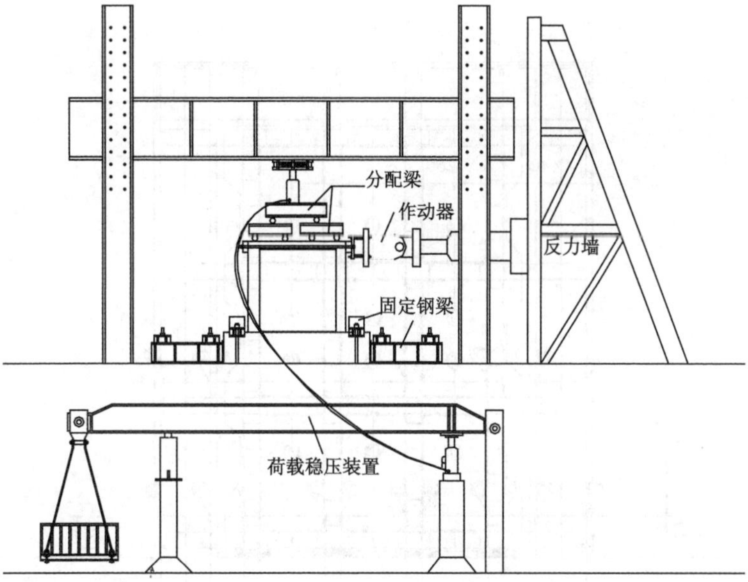

图 3-5 试验加载装置示意图

竖向荷载稳定后，液压作动器借助反力墙对墙体顶部逐级施加水平荷载。水平荷载每级 10 kN，每级循环一次，试件屈服后，进入位移控制阶段，每级递增 2 mm，每级循环 3 次。当水平荷载下降到极限荷载的 85%或试验不能继续承载时，认为试件已破坏，停止加载[35]。各墙体加载制度如图 3-6 所示。

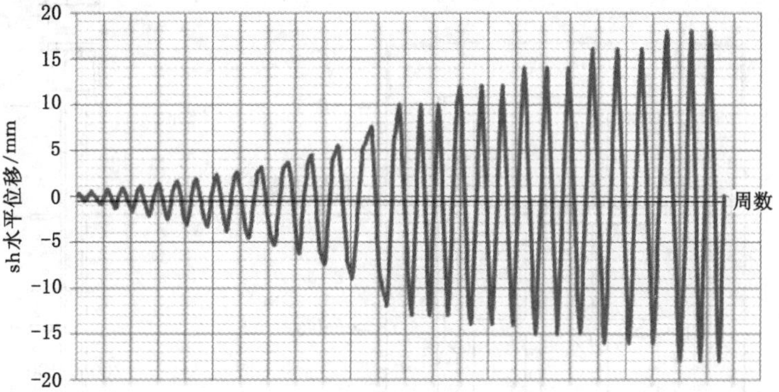

图 3-6 试件加载制度

3.2.1.3 测量内容

测量内容主要包括水平力、钢筋应变，以及墙的水平位移。如图 3-7 所示。

(1) 边框柱、肋柱纵向钢筋的竖向压应变测试：取墙体底部截面(距底肋梁底部钢筋 100 mm)，在外框柱、肋柱截面中的对角纵筋处贴竖向应变片。肋梁中纵向钢筋的水平拉应变测试：取上、中、下三道横梁的左、右两侧截面(分别距左右肋柱 100 mm)中对角纵筋处贴横向应变片。

(2) 墙体整体位移测试：在沿墙板高度上、中、下三个肋柱中轴线部位各布置位移计一个，底梁中轴线布置位移计一个。

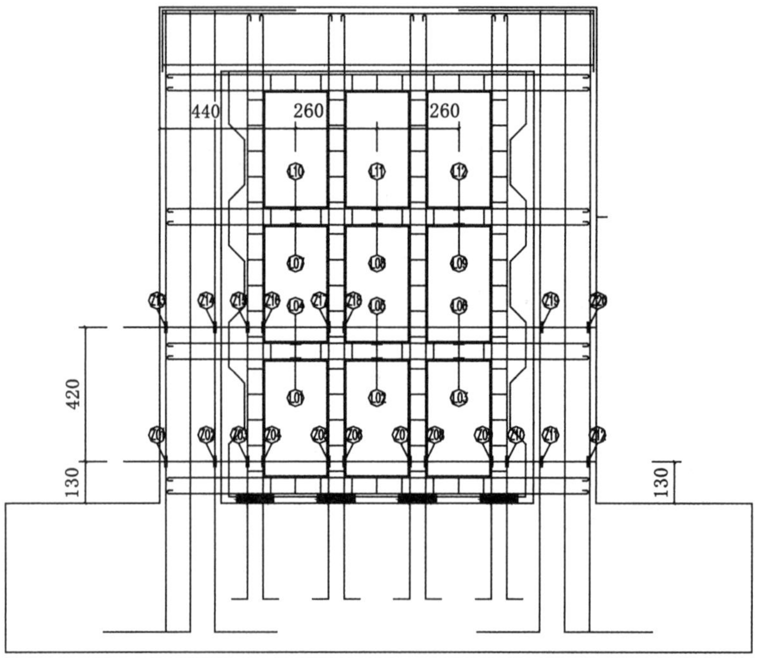

（a）钢筋应变测点平面布置

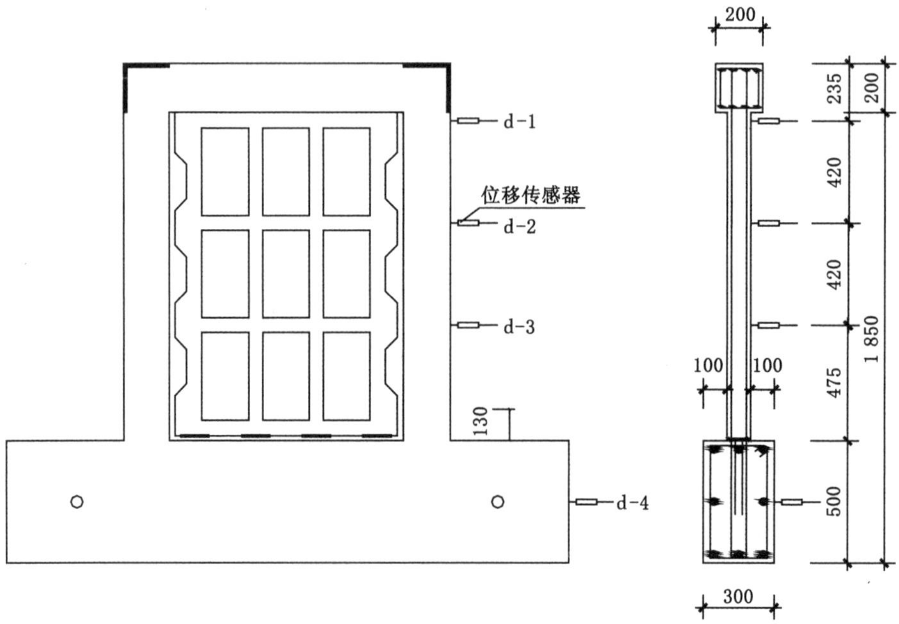

（b）试件位移计布置图

图 3-7　试件测试布置图

3.2.2 试验过程

在竖向荷载加满后，所有复合墙体的内填砌块、肋梁、肋柱和柱端及保温层均未出现裂缝，构件无明显变化。加载初期至构件破坏，4 榀试件的破坏过程大体可分为三个阶段：弹性阶段、弹塑性阶段及破坏阶段（如图 3-8 所示）。

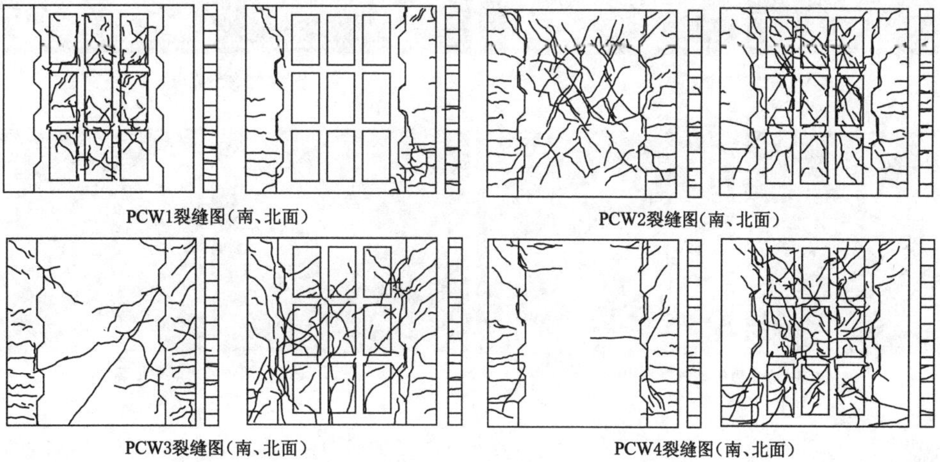

图 3-8 试件裂缝图

弹性阶段：在水平荷载达到极限荷载的 30%～40%前，墙体的受力性能表现为弹性，卸载后试件的残余变形较小，试件正反方向的刚度基本一致。肋梁、肋柱及保温层没有出现明显裂缝，少数微裂缝由砌块向肋梁、肋柱延伸，骨架曲线出现明显的拐点。

弹塑性阶段：砌块中的新裂缝随着荷载的增加逐渐增多，同时向肋梁、肋柱发展，在加载点处，裂缝从砌块向边肋柱延伸并贯通，框柱柱脚处出现少量水平裂缝，砌块拼缝处出现砂浆剥落。肋梁中的纵筋应变增大并逐渐屈服，墙体水平位移增加速度显著加快，保温层出现斜交叉“X”型裂缝，墙体的受力表现为弹塑性，试件卸载后出现残余变形，刚度退化明显。

破坏阶段：当水平荷载达到最大值时，墙体进入破坏阶段，位移增长速度很快，试件卸载后的残余变形大。墙体部分肋梁、肋柱中出现贯通斜裂缝，并延伸至框柱，逐步形成沿对角线方向的弥散“X”型斜裂缝贯通整个墙体，砌块出现大量破碎、剥落现象，并逐步退出工作，保温层出现剥落或形成贯通裂缝，外框柱拉区钢筋逐渐屈服，压区混凝土有压碎现象。最终破坏时，大部分荷载由肋格及框柱承担，肋梁上的塑性铰区更为明显，墙体均具有良好的抗倒塌能力。

3.2.3 试验结果分析

4 榀墙体的最终破坏形态如图 3-9 所示。

由图 3-9 对比分析可见，墙体的主要受力特性具有如下特征：

(1) 在水平荷载作用下，保温承重一体化复合墙体的保温层、保护层形成统一整体，内叶墙板与保温层互为约束，各自发挥受力性能，墙体整体变形趋于协调，共同工作。

(2) 保温层与墙体互为约束，在反复荷载作用下，墙体裂缝在反方向加载时趋于闭合，持续承受荷载，可见保温层能够有效参与试件的抗侧力体系，同时试件的变形能力、延性以及耗能能力都得到了有效的提高。

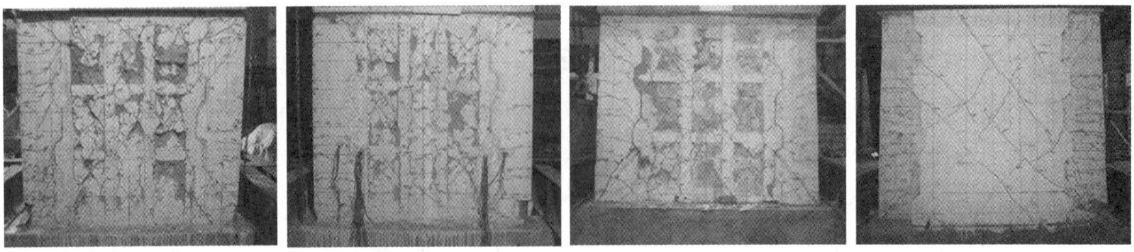

PCW1墙体最终破坏状态　　　　PCW2墙体最终破坏形态

PCW3墙体最终破坏形态　　　　PCW4墙体最终破坏形态

图 3-9　墙体最终破坏形态图

(3) 在试验的弹性阶段、弹塑性阶段、破坏阶段，墙体承受力体系的三部分构件——内叶墙板、保温层、保护层均发挥作用，共同形成多道抗震防线。

(4) 破坏阶段，墙体达到受剪极限状态，却仍可以承担大部分的竖向荷载，具有良好的抗倒塌能力。

3.3 抗震性能分析

3.3.1 破坏形态和破坏机制

4 榀复合墙体受力过程相似，由于保温系统构造差异，使得墙体的力学性能不同，墙体的破坏机制及各阶段的破坏形态也有所不同，如表 3-7 所示。

表 3-7　墙体破坏形态和破坏机制

试件编号	破坏形态			破坏机制
	弹性阶段	弹塑性阶段	破坏阶段	
PCW1	加载初期，墙体北面中部砌块拼缝处出现细小的近似竖向裂缝；随着荷载增加，墙体上裂缝不断发展延伸	随着荷载增加，斜裂缝延伸发展至肋梁、肋柱，竖向边缘构件底部出现水平裂缝，墙体中上部和底部沿对角线出现较长的斜向裂缝，整个墙面出现多条典型"X"型交叉斜向裂缝	竖向边缘构件出现大量水平裂缝，并贯通到墙板对面，柱脚开始出现细小的竖向裂缝，斜裂缝继续扩展延伸加宽，多条斜裂缝贯通肋梁肋柱，砌块大量脱落，每个框格内都有典型的"X"型交叉斜向裂缝，墙体破坏严重，平面外出现失稳现象	弯剪型

表 3-7(续)

试件编号	破坏形态			破坏机制
	弹性阶段	弹塑性阶段	破坏阶段	
PCW2	加载初期,墙体南面受拉侧边缘构件沿马牙槎处出现竖向裂缝,墙体中部砌块出现两条斜向裂缝;墙体北面受拉侧边缘构件底部出现多条水平裂缝	随着荷载增加,南面保温层随肋格出现细小裂缝,边缘构件有大量横向裂缝出现,墙体底部座浆层与底梁相接处已脱开,墙板砌块出现数条斜裂缝,且裂缝有加宽趋势	竖向边缘构件出现大量水平裂缝,柱脚开始出现细小的竖向裂缝,斜裂缝继续扩展延伸加宽,多条斜裂缝贯通肋梁肋柱,砌块出现脱落,每个框格内都有典型的"X"型交叉斜向裂缝,南面保温层随框格出现多个"X"型交叉斜裂缝	弯剪型
PCW3	加载初期,墙体北面砌块上出现数道裂缝,裂缝呈现斜向发展,受拉侧墙体底部竖向边缘构件出现两条细小水平贯通裂缝,少量斜裂缝延伸发展到肋梁,马牙槎叠合面处出现竖向裂缝	随着荷载增加,斜裂缝延伸发展至肋梁、肋柱,出现若干条较长的斜裂缝,并延伸到马牙槎叠合面处,在墙体北面砌块框格内发展成为交叉斜向裂缝,多条斜裂缝贯通肋梁,沿对角线的斜裂缝已经贯通肋柱,竖向边缘构件裂缝延伸至底梁	竖向边缘构件出现大量水平裂缝,并贯通到墙板对面,柱脚开始出现细小的竖向裂缝,斜裂缝继续扩展延伸加宽,多条斜裂缝贯通肋梁肋柱,砌块大量脱落,每个框格内都有典型的"X"型交叉斜向裂缝,保温板与结构层接触处形成贯通竖向裂缝,保温层出现斜交叉贯通裂缝,墙体破坏严重	弯剪型
PCW4	加载初期,北面砌块拼缝处上出现多条细小的斜向裂缝;随着荷载增加,砌块上有少量的新的斜裂缝生成,在马牙槎叠合面处出现竖向裂缝	随着荷载增加,斜裂缝延伸发展至肋梁、肋柱,出现若干条较长的斜裂缝,墙体受拉侧竖向边缘构件一侧底部出现多条水平裂缝,并贯通到墙板对面,墙体北面多条斜裂缝贯通肋梁,墙体南面保温层上部出现一条较长的近似水平裂缝,部分砌块发展成为典型的"X"型交叉斜向裂缝,马牙槎叠合面处出现多条裂缝	试件竖向边缘构件受压侧底部混凝土已经被压酥散落,砌块大量脱落,每个框格内都有典型的"X"型交叉斜向裂缝,个别框格出现通透现象,保温板与结构层接触处形成贯通竖向裂缝,墙体破坏严重,平面外出现失稳现象	弯剪型

通过墙体破坏形态和破坏机制的对比分析,可以看出:

(1) 4 榀试件承重结构的破坏形态基本接近,均表现为墙体受弯、剪双重作用破坏,墙板以剪切破坏为主,框架柱呈弯曲破坏,复合墙体受力均经历了弹性阶段、弹塑性阶段和破坏阶段。

(2) 相比标准试件,保温承重一体化复合墙的墙身裂缝宽度均小于装配式复合墙的裂缝宽度,说明由于蒙皮效应保温层对墙身裂缝开展具有一定程度的抑制作用,结构层和保温层整体性良好。

(3) 不同保温材料的保温层裂缝开展情况不同,PCW2 表现为保温面层的裂缝出现相对滞后,在墙体达到峰值荷载时,出现多条明显沿墙体对角线方向分布的斜向裂缝。最后破坏时,保温层仅表现为裂缝的加宽延伸,表皮无明显脱落,保温层与承重主体之间有细微裂缝,整体性依然较好。相比试件 PCW3 保温层整体出现斜交叉裂缝和试件 PCW4 保温层与复合墙板整体剥离而言,现象表明 PCW2 保温系统对墙体的刚度有较好的增强作用,能够抑制墙体裂缝的开展,对复合墙体的承载力贡献较为显著。

由此可得到,在轴压比、剪跨比等条件相同的情况下,纤维增强 EPS 保温砂浆夹芯保温复合墙体整体强度较高,力学性能和混凝土相似,连接性能强,在受力过程中,能够与内叶复合墙板形成整体弹性板,共同工作。

3.3.2 滞回曲线

在水平往复荷载作用下得到的荷载-位移曲线称为滞回曲线[36],能够全面体现结构的抗震性能,依据滞回曲线进行结构抗震弹塑性动力反应分析。试件的滞回曲线如图 3-10 所示。

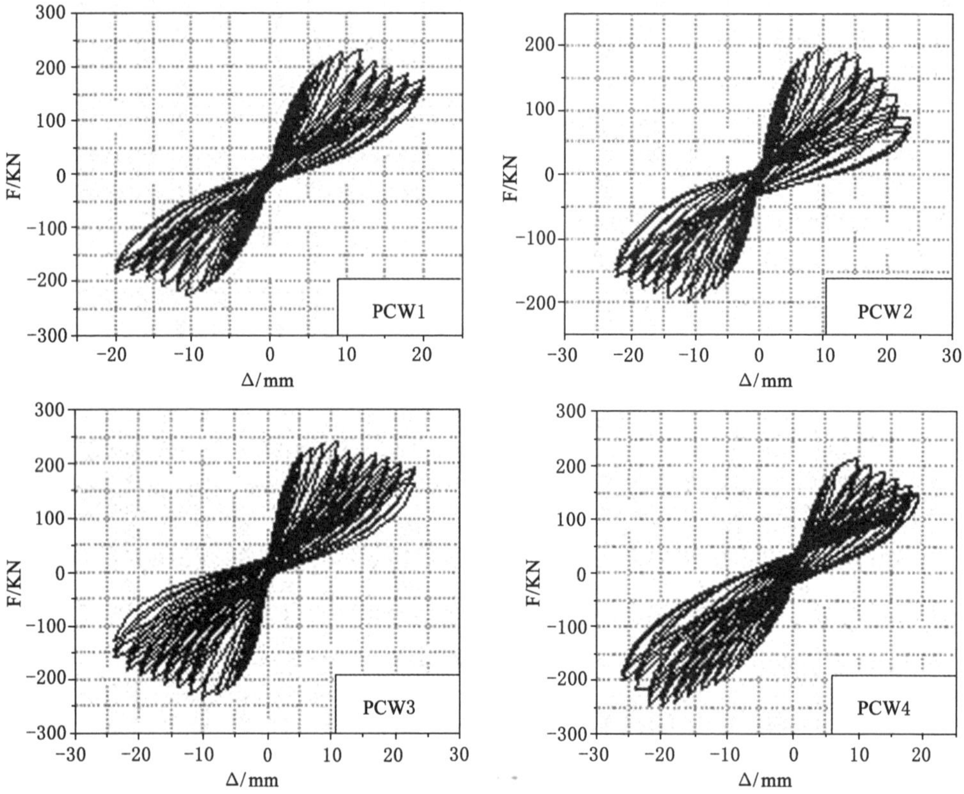

图 3-10 墙体滞回曲线

由滞回曲线对比分析,可以得到:

(1) 加载的初始阶段,试件整体好,滞回曲线基本上是线性的,刚度值基本一致。随着荷载的增大,滞回曲线逐渐呈现梭形,滞回环的面积逐渐增加,有一定的残余变形,随着荷载的增加,滞回曲线拱起,呈现"捏拢"。在弹塑性阶段,滞回环逐渐拱起,随着位移控制的增加,滞回曲线逐渐向反"S"形过渡,各个墙体的滞回曲线表现的"捏拢"现象各有不同,试件 PCW2 和 PCW3 能够更为明显地反映抗剪应力的作用及锚固滑移。

(2) 在极限载荷时,各墙体承载力迅速下降,但在一定程度上稳定增长,位移增长较快,试件延性良好;位移循环时,砌块碎裂、混凝土剥落、钢筋屈服,刚度衰减迅速,出现明显的滑移现象,卸载刚度退化迅速,滞回环中部出现非常明显的捏缩现象。

(3) 就滞回曲线而言,试件 PCW2 与试件 PCW1 更为饱满,可见纤维增强 EPS 保温砂浆夹芯保温复合墙其耗能能力较 PCW1 提高，纤维增强 EPS 保温砂浆夹芯保温层可以起到提高抗剪、延缓开裂、提升构件整体耗能能力的作用。

(4) 试件 PCW3 和 PCW4 与试件 PCW1 相比滞回曲线的饱满程度明显下降，说明试件 PCW3 和 PCW4 的耗能能力有所下降。

3.3.3　骨架曲线

4 榀墙体的骨架曲线如图 3-11 所示。

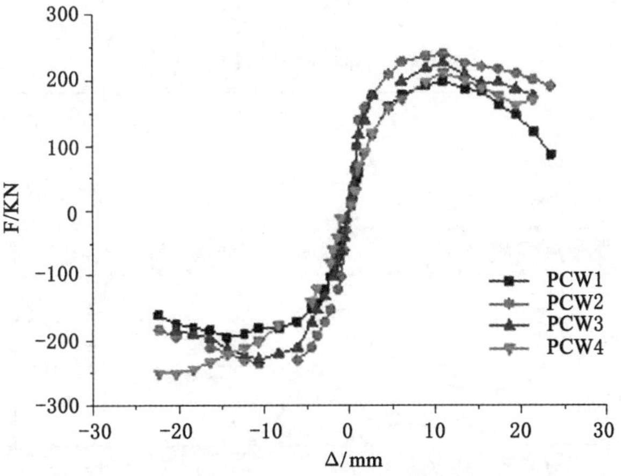

图 3-11　墙体骨架曲线对比

对比试件的骨架曲线图，经分析可以得出以下几点特征：

(1) 在低周反复荷载作用下，图示骨架曲线上具有明显的开裂点、屈服点、最大荷载点和极限位移点，墙体的受力经历了弹性、弹塑性和极限三个破坏阶段。

(2) 4 榀试件的骨架曲线整体形状接近，水平承载力达到峰值荷载后，试件 PCW2～PCW4 和试件 PCW1 相比有比较平缓的下降段，水平承载力均下降不大，最后试验结束均为试件严重破坏，位移角接近 1/60 不能继续加载而结束。

(3) 在试件开裂前骨架曲线基本上呈直线段上升，达到极限荷载后下降比较缓慢，说明试件均具有较好的变形和耗能能力。

4 榀试件对比可看出，保温承重一体化复合墙体的极限承载力与普通装配式复合墙体相比提高了许多，特别是纤维增强 EPS 保温砂浆夹芯保温复合墙体提高了 20%，而且与普通装配式复合墙相比，达到极限荷载后其骨架曲线下降比较平缓，具有更好的变形和耗能能力。

3.3.4　特征荷载及特征位移

在各个特征阶段，对试件的各个关键特征点定义如下：

开裂点[36]：加气混凝土砌块上出现明显裂缝，相应的骨架曲线曲率突变时的荷载值。

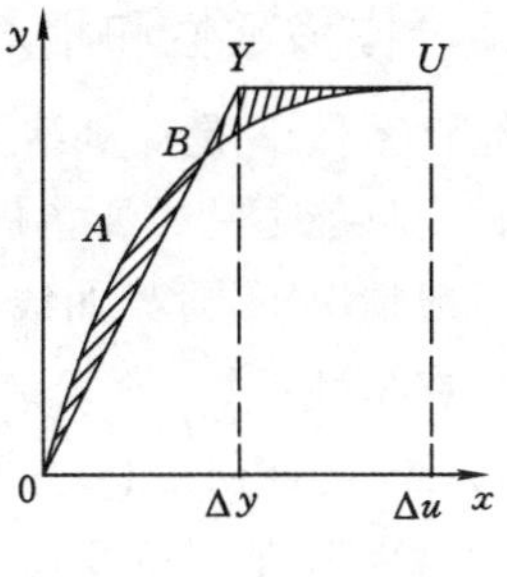

图 3-12　屈服点图

屈服点[36]：如图 3-12 所示，根据能量等值法确定，作两线段折线 $OY-YU$，使曲线包围下的总面积相等，或图中 OAB 包围的面积与 YUB 包围的面积相等。此时 Y 点对应的位移被看作是屈服点对应的位移，屈服位移对应的荷载被看作是屈服荷载。

峰值荷载点[36]：在试验过程中，正向加载方向上的最大荷载实测值与反向加载方向上的最大荷载实测值的平均值为峰值荷载点。

极限点[36]：按照上述方法取得峰值荷载后，当峰值荷载下降到 $0.85F_{max}$ 或构件最终破坏时对应的荷载及位移。

由试验结果可知，4 榀试件的开裂点、屈服点、峰值荷载点和极限荷载点四个特征点的特征荷载及相应特征位移汇总如表 3-8 所示。

表 3-8　特征荷载及特征位移

墙体编号		PCW1	PCW2	PCW3	PCW4
开裂点	开裂荷载 F_{cr}/kN	74.5	120.16	85.7	96.6
	开裂位移 Δ_{cr}/mm	1.89	2.25	1.34	2.10
屈服点	屈服荷载 F_y/kN	160.42	220.45	178.51	172.35
	屈服位移 Δ_y/mm	4.68	5.83	3.45	3.0
峰值点	峰值荷载 F_{max}/kN	199.52	264.93	236.1	235.66
	峰值荷载处位移 $K=\dfrac{1}{R_i+R+R_e}$/mm	10.99	11.78	9.35	9.5
极限点	极限荷载 F_u/kN	169.59	225.19	200.7	200.3
	极限位移 Δ_u/mm	17	17.21	15	17.5

从表中数据对比分析可知：

(1) 4 榀墙体的开裂荷载值 PCW2＞PCW4＞PCW3＞PCW1，开裂位移 PCW2＞PCW4＞PCW1＞PCW3。

(2) 4 榀墙体的屈服荷载 PCW2＞PCW3＞PCW4＞PCW1，屈服位移 PCW2＞PCW1＞PCW3＞PCW4。

(3) 4 榀墙体的峰值荷载及极限荷载 PCW2＞PCW3＞PCW4＞PCW1。

综上所述，保温承重一体化复合墙体试件的各标志性荷载均较装配式复合墙体试件有所提高，其中，PCW2 较 PCW1 而言，其开裂荷载、屈服荷载、峰值荷载、极限荷载的增幅分别为：61.9%、37.4%、32.8%、33.7%，因此可见纤维增强 EPS 保温砂浆夹芯保温能够显著提高装配式复合墙体的各项标志性荷载值，能够延迟墙体开裂，墙体的防抗倒塌能力也有明显的提高。

3.3.5　位移延性和相对变形值

延性系数[36]是评价结构或构件抗震性能的重要指标之一。相对变形值[34]是评价结构或构件变形能力的重要指标。

一般情况下，骨架曲线下降到 $0.85F_{max}$ 时所对应的位移与屈服位移的比值被看作是墙体的位移延性系数[35]，可表达为 $\mu=\Delta_u/\Delta_y$，式中，μ 为结构的破坏位移延性系数，Δ_u 为极限位移，Δ_y 为屈服位移，按面积互等法来确定屈服点的位置。

相对变形值[36]可按式 Δ/H 来确定，式中，Δ 为试件墙体顶端的侧向位移，H 为试件墙体的高度。当位移角接近 1/60 时，试件虽然没有完全破坏，但是平面外有出现失稳现象，为安全考虑，判定试验结束。延性系数和相对变形值如表 3-9 所示。

表 3-9　延性系数和相对变形值

墙体编号		PCW1	PCW2	PCW3	PCW4
延性系数	$\mu=\Delta_u/\Delta_y$	3.63	2.95	3.12	3.78
相对变形值	Δ_{cr}/H	1/715	1/667	1/675	1/643
	Δ_y/H	1/288	1/257	1/391	1/450
	Δ_u/H	1/123	1/127	1/144	1/142
	$\bar{R}$	1/79	1/87	1/90	1/77

由表 3-9 可得：

(1) 4 榀复合墙体的位移延性系数在 2.95～3.78 之间，可见试件均具有良好的延性，按大小顺序排列为 PCW4＞PCW1＞PCW3＞PCW2。

(2) 相比于试件 PCW1，试件 PCW2 的位移延性系数降低了 19.2%。从延性系数的概念可得，极限位移和屈服位移对延性系数的影响最大[36]，就 PCW2 试件墙体而言表现为墙体的屈服点相对较高，另一方面墙体发生突然破坏，超过极限荷载的时候，墙体的塑性变形大部分集中在外框柱，外框的纵筋处于被拉断的临界状态，一旦断裂墙体随即破坏，而内填砌块及肋格并没有发挥作用，仍处于相对完好状态，由于墙体的荷载力急剧下降，从而造成墙体的延性相对较差，保温系统模块中混凝土保护层和承重结构主体之间较好的协同工作能力，虽然大大提高了复合墙体的刚度和承载能力，却明显降低了延性。

(3) 墙体开裂的时候，试件墙体的相对变形值在 1/715～1/643 之间，由此可见在弹性阶段，各个复合墙体的变形能力各有不同，极限破坏时，4 榀复合墙体试件的相对变形值在 1/90～1/77 之间，试件在后期以较大位移循环加载过程中，填充砌块出现表皮大面积剥落、灰缝大量破坏，当加强肋钢筋屈服时，仍能继续承担大部分竖向荷载，直到加载结束时，4 榀墙体均未出现整体倒塌现象，可见试件墙体具有较好的弹塑性变形能力以及良好的抗倒塌能力。

由以上分析可知，不同保温层的构造形式对复合墙体的延性有不同程度的影响，其抗压强度越高则相对变形能力越差，因而墙体的延性系数越低。在内叶墙板均为装配式复合墙板时，保温层的弹性模量越小，墙体整体的变形能力越强。

3.3.6　刚度退化

可靠的结构刚度能够保证结构在地震作用下有较强的抗震性能，当结构承受地震作用时，结构刚度逐渐减小，发生构件刚度退化后，结构发生内力重分布，从而结构的位移随结构受力变化而发生变化，因此，在抗震设计时应当充分考虑构件的刚度退化[37]。在试验过程中试件的刚度会随着循环次数的增加、荷载的增大、水平位移的增大而导致刚度的退化，采用刚度退化曲线来反映试件的刚度特征[37]。坐标原点与骨架曲线上点的连线的斜率即为构件的等效刚度[37]，表达式为 $K=F/\Delta$，随着位移的不断增大，刚度逐渐减小，因此，刚度将随着循环周数和位移不断接近极限而逐渐减小，这种现象称为刚度退化[37]。

结合试验研究，4 榀复合墙体试件在低周反复荷载作用下的刚度衰减变化规律，计算往复荷载作用下每级循环加载的平均刚度 K_i，如式(3-1)所示：

$$K_i = \frac{|F_i| + |-F_i|}{|\Delta_i| + |-\Delta_i|} \tag{3-1}$$

试件墙体的顶点平均位移为横坐标，墙体的平均刚度为纵坐标，形成 4 榀试件墙体的平均刚度退化曲线如图 3-13 所示。

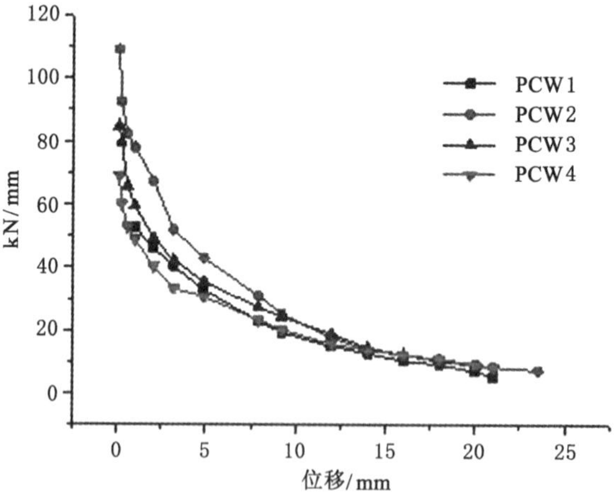

图 3-13　试件刚度退化图

由试件墙体的刚度退化曲线图 3-13 对比分析可知：

(1) 4 榀墙体试件刚度退化的规律以及速率均基本相同，在加载初期时，刚度退化速度较快，随着位移不间断地增加，损失逐渐积累，塑性变形逐渐发展，刚度退化的速度开始逐渐减小。由图 3-13 可知，整个刚度退化的衰减过程相对均匀，并没有明显的突变现象。

(2) 相对于 PCW1 试件墙体，PCW2 的初始刚度最大，是 PCW1 的 2.06 倍，由此可见，保温层对墙体的初始刚度贡献较大。同时，PCW3、PCW4 的初始刚度分别为 PCW1 墙体初始刚度的 1.6 倍、1.3 倍，因此，墙体的初始刚度受保温材料的性能及保温构造形式影响较大。

(3) 试件 PCW2 的初始刚度低于 PCW1，但在加载过程中，其刚度退化速率比 PCW1 小得多，表明纤维增强 EPS 保温砂浆夹芯保温层与内叶复合墙的协同工作性能较好，有效地减缓了墙体开裂后墙板底部水泥砂浆层的滑移，提高了墙体的整体刚度。

3.3.7　耗能能力

在结构设计时，通常采用等效黏滞阻尼系数 h_e 来表示构件的耗能能力[37]，其计算式如下所示。

$$h_e = \frac{1}{2\pi} E \tag{3-2}$$

式中，E 为能量耗散系数，如图 3-14 所示，$E = S_{(ABC+CDA)} / S_{(OBE+ODF)}$。

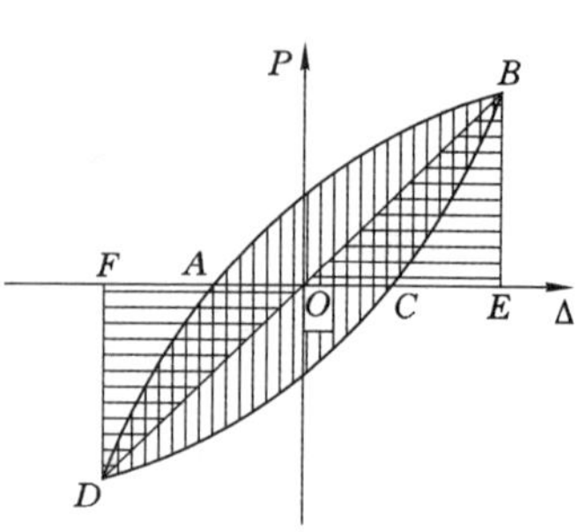

图 3-14　等效黏滞阻尼系数图

图 3-14 所示 $ABCD$ 包含面积表示滞回曲线一周的耗散能量，弹性直线 OB 在达到相同位移时用图示 OBE 包含面积表示，面积 ABC 与面积 OBE 之比表示在产生相同位移时，墙体耗散能量与等效弹性体需要输入的能量之

比,如果 h_e 越大,则构件的耗能能力越强。

4 榀墙体的等效黏滞阻尼系数如表 3-10 所示。

表 3-10 墙体等效黏滞阻尼系数 h_e/%

控制阶段	墙体编号			
	PCW1	PCW2	PCW3	PCW4
开裂	3.12	4.21	2.92	2.98
屈服	4.38	5.25	4.13	4.08
峰值	6.93	9.9	7.58	7.82
破坏	7.38	7.32	4.79	6.12

由数据分析可知:

(1) 在开裂的初始阶段,4 榀复合墙体试件均处于弹性变形状态,力与位移的变化呈线性比例关系,此时,滞回环所包围的面积非常小,PCW2 试件墙体的等效黏滞阻尼系数大于其他 3 榀试件墙体。

(2) 在试件从开裂阶段到达峰值阶段的过程中,位移变化使得构件的损失逐渐积累变化,4 榀试件墙体的等效黏滞阻尼系数均有所增大,耗能能力也逐渐上升,纤维增强 EPS 保温砂浆夹芯保温复合墙体有更强的耗能能力,但从峰值阶段到破坏阶段,保温承重一体化复合墙体等效黏滞阻尼系数有减小的趋势,耗能能力减弱,XPS 夹芯保温复合墙体尤为明显。

3.4 本章小结

通过对 1 榀装配式复合墙体与 3 榀不同保温材料的保温承重一体化复合墙体 1/2 比例缩尺模型的拟静力试验研究,试验结果表明:

(1) 相比其他 3 榀复合墙体,纤维增强 EPS 保温砂浆夹芯保温复合墙试件的标志性荷载值都有明显的增高,对墙身裂缝开展具有一定程度的抑制作用,结构层和保温层整体性良好,能够很好地协同工作。

(2) 当 4 榀试件墙体处于弹塑性受力阶段时,其水平荷载值均平缓上升。纤维增强 EPS 保温砂浆夹芯保温复合墙试件墙体骨架曲线的下降段相对较短,刚度退化速度相对较快,其余墙体的骨架曲线的延伸段相对较长,荷载特征点较为明显,刚度退化相对平缓。

(3) 在反复荷载作用下,4 榀墙体均从屈服阶段到破坏阶段发展,各个试件墙体的等效黏滞阻尼系数明显变大,均具有较强的耗能能力。

(4) 从墙体开裂阶段到荷载峰值阶段,构件损伤的累积逐渐增多,等效黏滞阻尼系数均明显增大,墙体耗能能力呈上升趋势,保温承重一体化复合墙体相对具有更强的耗能能力,尤其是纤维增强 EPS 保温砂浆夹芯保温复合墙体,但从峰值阶段到破坏阶段,保温承重一体化复合墙体等效黏滞阻尼系数有减小的趋势,耗能能力减弱,XPS 夹芯保温复合墙体尤为明显。

4 被动式装配复合墙结构弹塑性地震反应分析

本章基于墙体试验研究成果，结合结构构造及受力特点，提出被动式装配复合墙结构的全阶段计算模型——刚架-等效复合板弹塑性力学模型。根据层叠合板理论及复合材料理论，选取保温承重一体化复合墙体的代表性体积单元，并利用等效材料特性将墙体简化为材料均匀的各向异性等效弹性板。采用多段线塑性连接单元，建立刚架-等效复合板弹塑性力学模型，通过振动台试验结果对比，验证模型的有效性。结合工程实例，对比分析基于不同保温材料的被动式装配复合墙结构在地震反应作用下的位移、加速度等性能指标。

4.1 刚架-等效复合板弹塑性力学模型

课题组前期关于被动式装配复合墙结构提出的两阶段模型是弹性阶段的刚架-等效弹性板简化计算模型和弹塑性阶段的刚架-等效斜撑计算模型[38]，这两种计算模型在不同的结构受力阶段，需要更换不同的受力模型，计算不能拟合实际弹性到塑性变形的连续性，常常造成分析误差。基于此，结合被动式装配复合墙结构的构造特征及受力特点，提出刚架-等效复合板弹塑性力学模型，通过杆元、壳元(复合弹性板)以及多段线塑性连接单元，共同组成混合单元模型，从而模拟计算结构体系在弹性及塑性阶段的内力和变形情况。

在刚架-等效复合板弹塑性力学模型中，设定梁为杆元、柱为连接单元、等效复合板为复合材料壳单元，同时，在等效复合板中加入多段线塑性连接单元，从而模拟被动式装配复合墙结构在塑性阶段的变形情况。模型从单元种类及布置形式上，大大简化了模型计算量，同时保持结构原有的受力特性，更易于有限元软件模拟。

4.1.1 墙体的等效原则

通过采用墙体等效方法，能够更好地模拟墙体的受力特点，从而减少简化计算模型与实际结构之间的计算误差。等效原则依从以下三点：

(1) 墙体自重相等

在建模过程中，通过设定梁-杆单元的材料属性、构件尺寸以及重度与原型结构相等，将墙板单元等效匀质化，始终保持保温承重一体化复合墙体与刚架-等效复合板力学模型的重力相等，如下计算：

$$\gamma_e = \gamma_c V_c + \gamma_q V_q \tag{4-1}$$

式中，V_c 为墙板中混凝土的体积分数；V_q 为砌块的体积分数；γ_e 为体积等效墙板重度；γ_c、γ_q 分别为混凝土和砌块的重度。

(2) 结构布置统一

刚架-等效复合板弹塑性力学模型结构布置形式与实际结构保持一致[46]。主要体现在两方面，一方面杆单元的截面大小、轴线位置、约束条件与实际结构保持一致，且保持竖向及水平连续，另一方面等效复合板壳单元的尺寸大小、布置位置、连接条件与实际结构保持一致。这两个方面都可以通过有限元计算模型的系数调整来缩小差异。

(3) 墙体抗侧刚度不变

保持保温承重一体化复合墙板与等效匀质化板的抗侧刚度相等，从而确保地震作用下各墙体上的剪力不变。

通过上述等效原则，刚架-等效复合板弹塑性力学模型与实际结构原型的自重、结构布置及抗侧刚度三方面分别相等，从而确保计算模型在弹塑性阶段的内力大小、位移及变形情况与原型结构基本一致。

4.1.2 复合材料等效弹性板力学模型

通过墙体抗震性能试验表明，在弹性阶段，基于不同保温材料的保温承重一体化复合墙体在水平荷载作用下与保温系统共同工作，两者相互作用，装配式复合墙板与保温系统在现浇边缘构件的约束下，能够变形协调，共同工作。利用复合材料理论中等效概念[47]，通过弹性模量相等，建立匀质等效介质取代复合夹杂材料，从而将构件进行材料匀质化处理。将保温承重一体化复合墙体系分为外叶墙板(保护层)、中间面板(保温层)和内叶墙板(装配式复合墙板)，如图 4-1 所示。基于假设墙板的各个组件充分黏结成为统一整体，且均为连续、无裂缝的正交异性材料，墙板的变形为线弹性变形，从而建立墙板等效弹性力学模型。

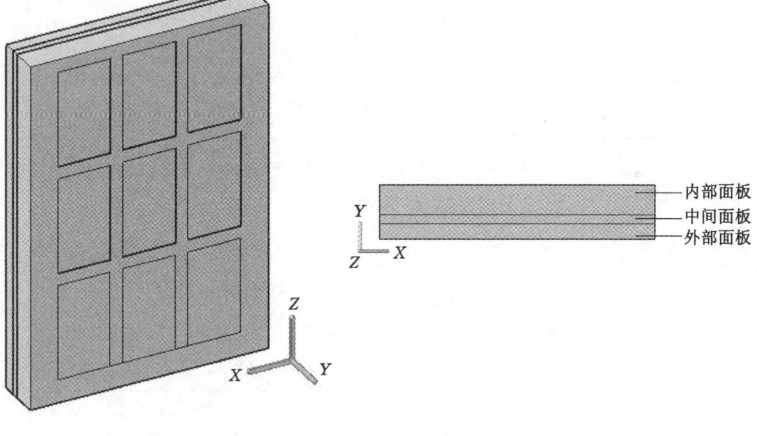

图 4-1 保温承重一体化复合墙结构模型

4.1.2.1 内叶墙板等效板属性计算

保温承重一体化复合墙板的内叶墙板为装配式复合墙板，宏观上可视为以填充砌块为基体、混凝土框格的等效弹性板，提出墙体的简化材料模型如图 4-2 所示。

如图 4-2 所示，框格尺寸远大于增强纤维的直径，同时，砌块分部也不具有连续性。因此，在宏观分析中，按照肋格混凝土体积所占比率不变的原则，首先将其匀质化，形成弥散在砌块构成的基体内的细小纤维，这样就可将内叶墙板匀质化为纤维增强复合材料弹性板。基于墙体其他方向尺寸均大于法线方向尺寸，将墙体简化为平面应力模型。

(1) 基本假定

在计算弹性常数时作下列简化假定：

① 在弹性阶段，肋梁、肋柱、框架内钢筋对墙体的贡献忽略不计；

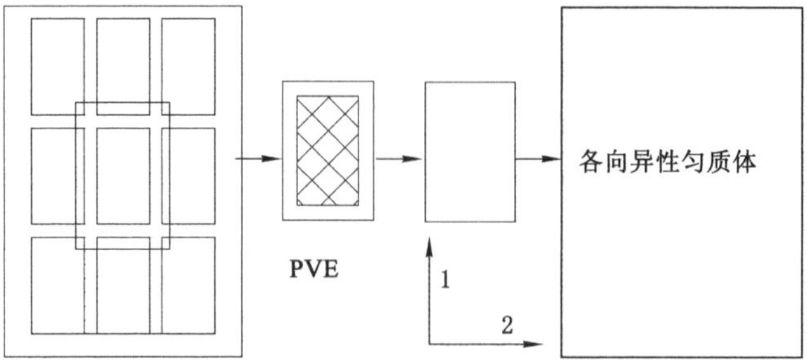

图 4-2　内叶墙板等效板建立过程

② 纤维与基体在单向纤维方向的应变保持相等；

③ 纤维与基体充分融合在一体，匀质分布；

④ 纤维截面形状及大小均相同，可视作单一纤维；

⑤ 纤维、基体均为各向同性材料。

(2) 弹性常数计算

① 纵向弹性模量 E_z^e

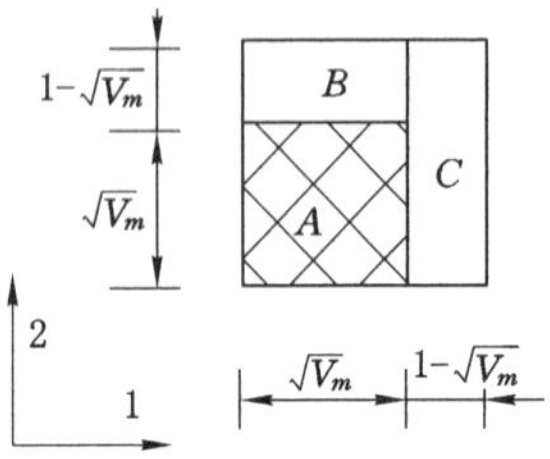

图 4-3　纵向弹性模量 E_Z^e 简化计算模型

由宏观应力场(σ_1,0,0)，可得宏观应变场(ε_1,$-\gamma_{12}\varepsilon_1$,0)。通过等应力假设，将模型划分为 A、B、C 部分，如图 4-3 所示。

从力的平衡条件得：

$$\sigma_1=\sigma_{1C},\sigma_1=\sigma_{1A}\sqrt{V_m}+\sigma_{1B}(1-\sqrt{V_m}) \tag{4-2}$$

由几何关系得：

$$\varepsilon_{1A}=\varepsilon_{1B},\varepsilon_1=\varepsilon_{1A}\sqrt{V_m}+\varepsilon_{1C}(1-\sqrt{V_m}) \tag{4-3}$$

由物理关系得：

$$\varepsilon_1=\frac{\sigma_1}{E_1},\varepsilon_{1A}=\frac{\sigma_{1A}}{E_m},\varepsilon_{1B}=\frac{\sigma_{1B}}{E_f},\varepsilon_{1C}=\frac{\sigma_{1C}}{E_f} \tag{4-4}$$

综合式(4-2)～式(4-4)得：

$$E_Z^\varepsilon=\frac{1}{\dfrac{\sqrt{V_m}}{E_m\sqrt{V_m}+E_f(1-\sqrt{V_m})}+\dfrac{①-\sqrt{V_m})}{E_f}} \tag{4-5}$$

式中，σ_1 为 1 方向体积单元的正应力值；σ_{1A} 为 1 方向基体的正应力值；σ_{1B} 为 1 方向纤维在区域 B 的正应力值；σ_{1C} 为 1 方向纤维在区域 C 的正应力值；V_m 为基体的体积分数；ε_1、ε_{1A}、ε_{1B} 和 ε_{1C} 为 1 方向体积单元、基体及纤维的正应变；E_f 为基体的弹性模量、E_m 为纤维的弹性模量；E_z^e 为等效复合板的纵向弹性模量。

② 横向弹性模量 E_x^e

由宏观应力场(0,σ_2,0)，可得宏观应变场($-\gamma_{21}\varepsilon_2$,$\varepsilon_2$,0)。通过等应力假设，将模型划分为 A、B、C 部分，如图 4-4 所示。

从力的平衡条件得：

$$\sigma_{2A}=\sigma_{2B},\sigma_2=\sigma_{2A}\sqrt{V_m}+\sigma_{2C}(1-\sqrt{V_m}) \tag{4-6}$$

由几何关系得：

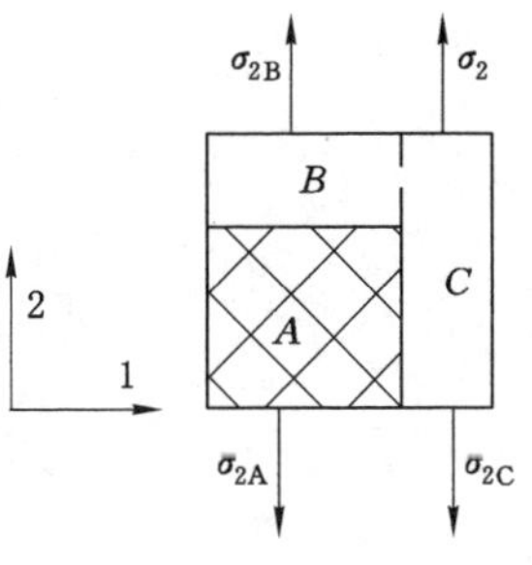

图 4-4 横向弹性模量 E_x^e 简化计算模型

$$\varepsilon_2=\varepsilon_{2C},\varepsilon_2=\varepsilon_{2A}\sqrt{V_m}+\varepsilon_{2B}(1-\sqrt{V_m}) \tag{4-7}$$

由物理关系得：

$$\varepsilon_2=\frac{\sigma_2}{E_2},\varepsilon_{2A}=\frac{\sigma_{2A}}{E_m},\varepsilon_{2B}=\frac{\sigma_{2B}}{E_f},\varepsilon_{2C}=\frac{\sigma_{2C}}{E_f} \tag{4-8}$$

综合式(4-6)～式(4-8)可得：

$$E_X^e=\frac{\sqrt{V_m}}{\dfrac{\sqrt{V_m}}{E_m}+\dfrac{1-\sqrt{V_m}}{E_f}}+E_f(1-\sqrt{V_m}) \tag{4-9}$$

式中，σ_2 为 2 方向体积单元的正应力值；σ_{2A} 为 2 方向基体的正应力值；σ_{2B} 为 2 方向纤维在区域 B 的正应力值；σ_{2C} 为 2 方向纤维在区域 C 的正应力值；ε_2、ε_{2A}、ε_{2B} 和 ε_{2C} 为 2 方向体积单元、基体及纤维的正应变；E_f 为基体的弹性模量；E_x^e 是等效板的横向弹性模量。

③ 泊松比和 γ_{12}^e、γ_{21}^e

根据宏观应变场$(-\gamma_{21}\varepsilon_2,\varepsilon_2,0)$，图 4-4 所示的各个部分为自由收缩面积，则 A 区、B 区的纵向总收缩为：

$$\gamma_m\varepsilon_{1A}\sqrt{V_m}=\gamma_f\varepsilon_{1B}(1-\sqrt{V_m}) \tag{4-10}$$

C 区的纵向收缩：$\gamma_c\varepsilon_2$

$\sqrt{V_m}$ 与$(1-\sqrt{V_m})$的带权平均值作为等效复合板的纵向收缩量，纵向应变 ε_1 为：

$$\varepsilon_1=-\left[\sqrt{V_m}\gamma_m\varepsilon_{1A}\sqrt{V_m}+(1-\sqrt{V_m})\gamma_f\varepsilon_2\right]=-\left\{\frac{V_m}{\sqrt{V_m}+\dfrac{E_m}{E_f}}\gamma_m+(1-\sqrt{V_m})\gamma_f\right\}\varepsilon_2 \tag{4-11}$$

由 $\gamma_{21}=-\dfrac{\varepsilon_1}{\varepsilon_2}$ 可得：

$$\gamma_{21}^e=\frac{V_m}{\sqrt{V_m}+\dfrac{E_m}{E_f}}\gamma_m+(1-\sqrt{V_m})\gamma_f \tag{4-12}$$

由柔度 S 的对称性条件：$\dfrac{\gamma_{21}}{E_2}=\dfrac{\gamma_{12}}{E_1}$ 可得：

$$\gamma_{12}^e=\frac{E_1}{E_2}\gamma_{21}^e \tag{4-13}$$

式中，γ_m 为基体的泊松比；γ_m、γ_f 为基体和纤维的泊松比。

4) 纵横向剪切模量 G_{12}^e

由宏观应力场$(0,0,\tau_{12})$，得宏观应变场$(0,0,\gamma_{21})$，通过等应力假设，将模型划分为 A、B、C 部分，如图 4-5 所示，假定 A 区与 B 区的横向微观剪应力相等。

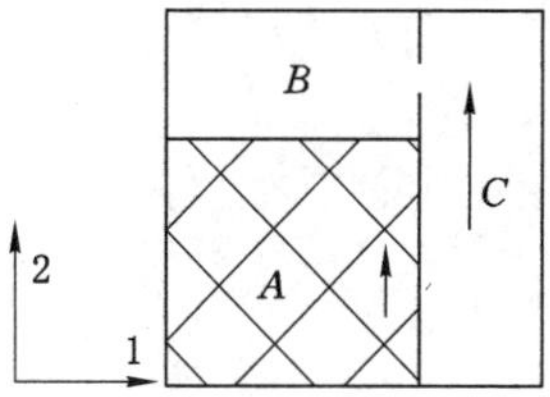

图 4-5 纵横向剪切模量 G_{12}^e 简化计算模型

由力的平衡条件可得：

$$\tau_{12}=\tau_{m12}\sqrt{V_m}+\tau_{f12}(1-\sqrt{V_m}) \tag{4-14}$$

由几何关系可得：

$$\gamma_{12}=\gamma_C=\gamma_A\sqrt{V_m}+\gamma_B(1-\sqrt{V_m}) \tag{4-15}$$

由物理关系可得：

$$\gamma_{12}=\frac{\tau_{12}}{G_{12}},\gamma_A=\frac{\tau_{m12}}{G_m},\gamma_B=\frac{\tau_{m12}}{G_f},\gamma_C=\frac{\tau_{f12}}{G_f} \tag{4-16}$$

综合可得：

$$\frac{1}{G_{12}^e}=\left[\frac{\sqrt{V_m}}{G_m}+\frac{1-\sqrt{V_m}}{G_f}\right]\left[1-\frac{G_m\sqrt{V_m}}{G_f(1-\sqrt{V_m})}\right] \tag{4-17}$$

式中，τ_{12} 为1、2方向体积单元剪应力；τ_{m12} 为1、2方向体积纤维剪应力；τ_{f12} 为1、2方向基体剪应力；γ_{12} 为1、2方向体积单元剪应变；γ_A 为1、2方向基体剪应变；γ_B 为1、2方向纤维在 B 区剪应变；γ_C 为1、2方向纤维 C 区剪应变；V_m 为基体体积分数；G_f 为基体剪切模量；G_m 为纤维剪切模量；G_{12}^e 是等效板纵横向剪切模量。

4.1.2.2 复合墙体等效板属性计算

保温承重一体化复合墙等效板的长、宽、厚如图4-6所示；外叶保护层、内叶墙板及保温等效板的厚度为 H_t、H_b、H_i，通过逐层等效，推导整个保温承重一体化复合墙板正交异性等效模型，从而计算其材料属性。

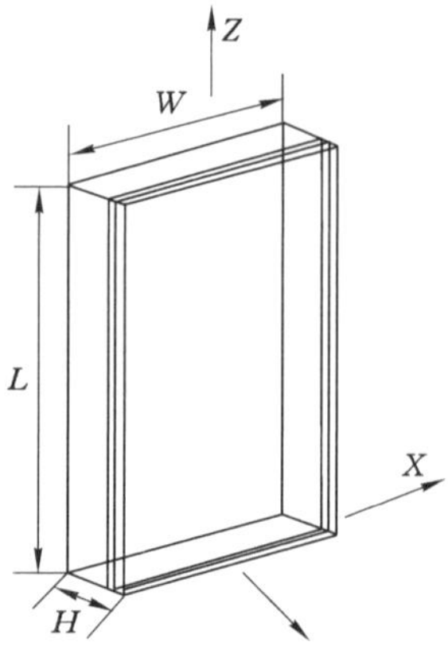

图4-6 保温承重一体化复合墙结构模型

(1) 弹性模量

当墙板沿 Z 方向受压或受拉时，各层面板由于视作充分融合的整体，因而等效板在 Z 方向的 ε_{33} 相等。假设轴向荷载为 F_{33}，则各层轴向荷载分别为：F_{33}^T、F_{33}^I、F_{33}^B 可得：

$$F_{33}=F_{33}^T+F_{33}^B+F_{33}^I \tag{4-18}$$

$$\sigma_{33}=\sigma_{33}^T\frac{A_{33}^T}{A_{33}}+\sigma_{33}^I\frac{A_{33}^I}{A_{33}}+\sigma_{33}^B\frac{A_{33}^B}{A_{33}} \tag{4-19}$$

式中，σ_{33} 为 Z 方向的总应力；σ_{33}^T、σ_{33}^I、σ_{33}^B 分别为外、中、内三层等效板沿 Z 方向的应力；A_{33} 为横截面面积；A_{33}^T、A_{33}^I、A_{33}^B 分别为外、中、内三层等效板沿 Z 方向的横截面面积。

由几何关系得：

$$A_{33}=WH,A_{33}^T=WH_T,A_{33}^I=WH_I,A_{33}^B=WH_B \tag{4-20}$$

设：$\varphi_T=\dfrac{H_T}{H},\varphi_I=\dfrac{H_I}{H},\varphi_B=\dfrac{H_B}{H}$

带入式(4-19)，得：

$$\sigma_{33}=\sigma_{33}^T\varphi_T+\sigma_{33}^I\varphi_T+\sigma_{33}^B\varphi_{\mathrm{T}} \tag{4-21}$$

两边同除以 ε_{11}，得：

$$\frac{\sigma_{33}}{\varepsilon_{33}}=\frac{\sigma_{33}^T}{\varepsilon_{33}}\varphi_T+\frac{\sigma_{33}^I}{\varepsilon_{33}}\varphi_T+\frac{\sigma_{33}^B}{\varepsilon_{33}}\varphi_T \tag{4-22}$$

由于墙板各部分在1方向上的应变相等，可得：

$$E_{33}=\varphi_T E_{33}^{\mathrm{T}}+\varphi_I E_{33}^I+\varphi_B E_{33}^B \tag{4-23}$$

式中，E_{33} 为 Z 方向的弹性模量；E_{33}^T、E_{33}^I、E_{33}^B 分别为外、中、内三层等效板 Z 方向上的弹性

模量。

同理，可得 X 方向的弹性模量 E_{11}：

$$E_{11}=\varphi_T E_{11}^T+\varphi_I E_{11}^I+\varphi_B E_{11}^B \tag{4-24}$$

式中，E_{11}^T、E_{11}^I、E_{11}^B 分别为外、中、内三层等效板 X 方向上的弹性模量。

(2) 泊松比 γ_{13} 计算

应力 σ_{33} 单独作用下的泊松比为 $\gamma_{13}=-\frac{\varepsilon_{11}}{\varepsilon_{33}}$。假设在 Z 方向存在作用应力 σ_{33}，则等效复合板各部分在 X 方向的变形为：

$$\delta_1^T=-\gamma_{13}^T\varepsilon_{33}^T W,\delta_1^I=-\gamma_{13}^I\varepsilon_{33}^I W,\delta_1^B=-\gamma_{13}^B\varepsilon_{33}^B W \tag{4-25}$$

式中，γ_{13} 为 X、Z 方向的泊松比。

墙板各部分在 X 方向的总变形 δ_1 为：

$$\delta_1=\varphi_T\delta_1^T+\varphi_I\delta_1^I+\varphi_B\delta_1^B=-\varphi_T\gamma_{13}^T\varepsilon_{33}^T W-\varphi_I\gamma_{13}^I\varepsilon_{33}^I W-\varphi_B\gamma_{13}^B\varepsilon_{33}^B W \tag{4-26}$$

由于在 X 方向的总变形为：$\delta_1=-\gamma_{13}\varepsilon_{33}W$

由式(4-25)、式(4-26)可得：

$$-\gamma_{13}\varepsilon_{33}W=-\varphi_T\gamma_{13}^T\varepsilon_{33}^T W-\varphi_I\gamma_{13}^I\varepsilon_{33}^I W-\varphi_B\gamma_{13}^B\varepsilon_{33}^B W \tag{4-27}$$

假定 $\varepsilon_{33}=\varepsilon_{33}^T=\varepsilon_{33}^I=\varepsilon_{33}^B$，可得：

$$\gamma_{13}=\varphi_T\gamma_{13}^T+\varphi_I\gamma_{13}^I+\varphi_B\gamma_{13}^B \tag{4-28}$$

式中，γ_{13}^T、γ_{13}^I、γ_{13}^B 分别为外、中、内三层等效板 XZ 方向的泊松比。

(3) 剪切模量 G_{13} 计算

假设纤维与基体的剪应力相等，即：

$$\tau_{13}=\tau_{13}^T=\tau_{13}^I=\tau_{13}^B \tag{4-29}$$

由几何关系得：

$$\gamma_{13}=\varphi_T\gamma_{13}^T+\varphi_I\gamma_{13}^I+\varphi_B\gamma_{13}^B \tag{4-30}$$

由物理关系得：

$$\gamma_{13}=\frac{\tau_{13}}{G_{13}},\gamma_{13}^T=\frac{\tau_{13}^T}{G_{13}^T},\gamma_{13}^T=\frac{\tau_{13}^I}{G_{13}^I},\gamma_{13}^T=\frac{\tau_{13}^B}{G_{13}^B} \tag{4-31}$$

综合上式可得：

$$\frac{1}{G_{13}}=\frac{\varphi_T}{G_{13}^T}+\frac{\varphi_I}{G_{13}^I}+\frac{\varphi_B}{G_{13}^B} \tag{4-32}$$

式中，G_{13}^T、G_{13}^I、G_{13}^B 分别为外、中、内三层等效板 XZ 方向的剪切模量。

4.1.3 多段线塑性连接单元

SAP2000 中的 Link 连接属性定义分为线性(非线性)或者频率相关[48]。线性(非线性)的连接单元均需要定义属性集，指定频率相关可定义连接单元或支座单元的属性集具有可选择性。连接单元有两节点连接单元及单节点连接单元两种表达形式[49]。本书提出的刚架-等效复合板弹塑性模型采用 Link 单元表示，即多段线塑性连接单元，通过 Link 单元的力与变形关系定义其塑性关系。

Link 单元的 6 个弹簧形象模拟墙体轴向、剪切、扭转和弯曲，Link 单元通过弹簧的共同作用，表现墙体的力-位移关系。以墙体模型两侧外框柱为研究对象，其 Link 单元模拟轴向恢复力模型如图 4-7 所示，由图可知模型曲线为非对称曲线。

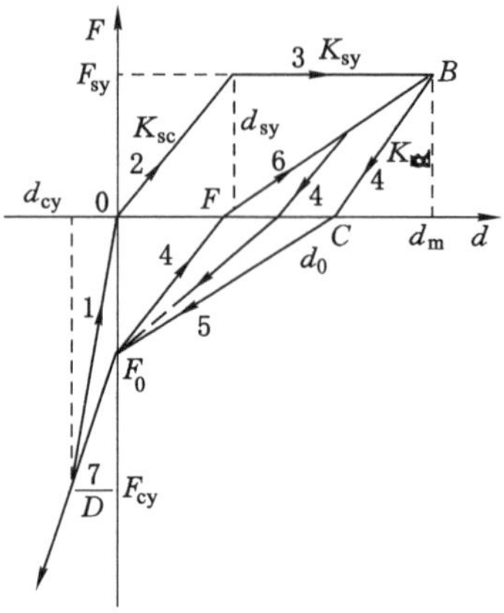

图 4-7　垂直杆轴向恢复力模型

当混凝土杆元受拉应力为 P 时，钢筋的平均应力为：

$$\sigma_{sm}=\psi\sigma_{sk} \tag{4-33}$$

$$\psi=1.1-\frac{0.65f_{tk}}{\rho_{te}\sigma_{sk}}(0.2\leqslant\psi\leqslant1.0) \tag{4-34}$$

式中，ψ 为应力不均匀系数；σ_{sk} 为杆元纵向受拉钢筋应力；ρ_{te} 为截面配筋率（$\rho_s=\dfrac{A_s}{bh}$，当 $\rho_s\leqslant0.01$ 时取 $\rho_s=0.01$）；f_{tk} 为混凝土抗拉强度标准值。

在拉力作用下，取 $\sigma_{sk}=f_y$，则 ψ 值为：

$$\psi_0=1.1-\frac{0.65f_{tk}}{\rho_{te}f_y}(0.2\leqslant\psi_0\leqslant1.0) \tag{4-35}$$

杆元总变形为：

$$\Delta h=\frac{h}{E_S}\sigma_{sm}=\frac{\psi_0 h}{E_s}\frac{p}{A_s} \tag{4-36}$$

$$K_{se}=p/\Delta h=\frac{E_sA_s}{\psi_0 h} \tag{4-37}$$

$$d_{sy}=\frac{\psi_0 hf_y}{E_s} \tag{4-38}$$

式中，h 为垂直弹簧长度即外框柱高度；f_y 为钢筋抗拉强度；E_s 为钢筋的弹性模量；K_{se},d_{sy} 为受拉垂直杆的弹性刚度及屈服时的变形。

当垂直杆元受压时：$d_{cy}=-\varepsilon_c\mathrm{h}$

$$K_{ce}=\begin{cases}(f_cA_c+f_yA_s)/(\varepsilon_ch) & (f_y/E_s\leqslant\varepsilon_c)\\(f_cA_c+\varepsilon_cE_sA_s)/(\varepsilon_ch) & (f_y/E_s>\varepsilon_c)\end{cases} \tag{4-39}$$

式中，f_c、ε_c 为混凝土单轴抗压强度值、峰值压应变，$\varepsilon_c=0.002$；A_c、A_s 为垂直杆混凝土截面面积、钢筋截面面积；K_{ce}、d_{cy} 为受压垂直杆的弹性刚度及屈服时的变形。

屈服后垂杆元的抗拉和抗压刚度分别为：

$$K_{sy}=0.012\sim0.01K_{se} \tag{4-40}$$

$$K_{cy}=0.01K_{ce} \tag{4-41}$$

以混凝土压碎为破坏指标，则手压杆的极限变形为：

$$d_{cu}=-0.008h \tag{4-42}$$

Link 单元中的水平弹簧代表非线性力-位移关系，水平杆恢复力模型采用四线型模型，如图 4-8 所示。图中，K_1 为初始弹性抗侧刚度；F_c 为墙体开裂时的剪力；F_y 为斜截面屈服剪力；F_w 为最大抗剪承载力。墙体连接单元示意如图 4-9 所示。

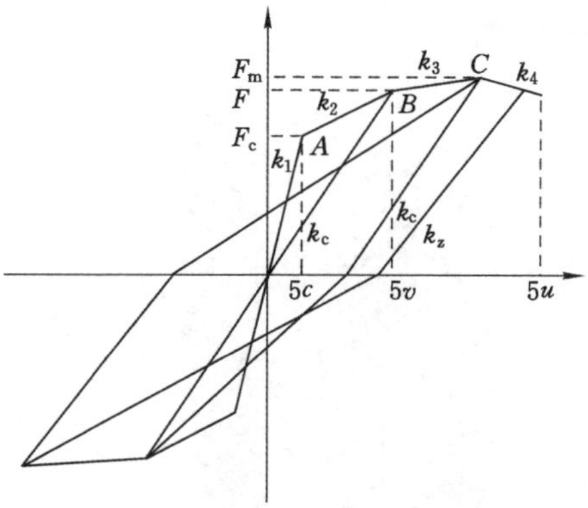

图 4-8 四线型恢复力模型

图 4-9 多段线塑性连接单元设置图

4.2 刚架-等效复合板弹塑性力学模型验证

通过振动台试验研究结果，采用刚架-等效复合板弹塑性力学模型进行时程反应分析，验证模型的有效性。

4.2.1 试验介绍

原型结构基本信息如表 4-1 所示，结构简图如图 4-10 所示。

表 4-1 结构原型基本信息

层高	层数	门窗尺寸	板厚	框架柱截面尺寸	抗震设防	场地	增加配重
3m	十层	900×2 400 mm^2	100 mm	300×300 mm^2	8 度	Ⅱ类	241.6 kg/层

取 El-Centro 进行 1/10 比例振动台试验，原型结构 El-Centro 波为 40 s，30 s 为时间间隔。由模型的相似关系可得，以 1∶6.3 的比例进行时间压缩，模型步长为 0.067 s。

4.2.2 模型验证

基于振动台试验模型尺寸，利用刚架-等效复合板弹塑性原理，建立同尺寸有限元模型，如图 4-11 所示。由于配重不足影响，选择三条峰值为 2.73 m/s^2、6.82 m/s^2、11.02 m/s^2 的 El-Centro 波进行时程分析。

由图 4-12 可知试验曲线与计算曲线吻合良好。由表 4-2 对比可知：采用峰值为

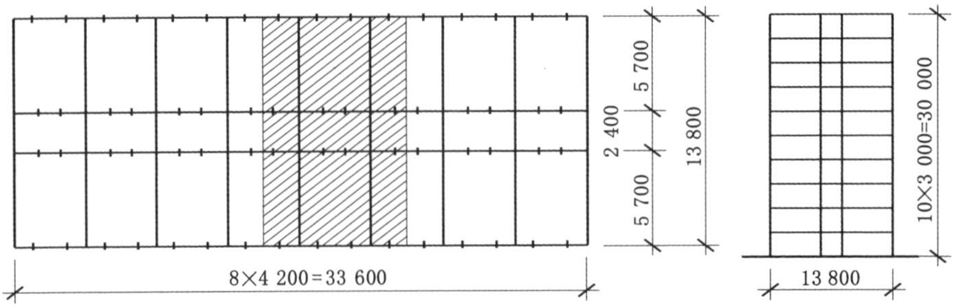

图 4-10　原型结构简图

(a) 模型全貌　　(b) 有限元模型

图 4-11　振动台试验模型示意图

2.73 m/s^2 的 El-Centro 波进行时程分析时，结构最大层间位移发生在第二层 0.318 mm，层间转角为 1/943，结构整体处于弹性状态。

表 4-2　峰值 2.73 m/s^2 El-centro 波时程分析计算值与试验值对比

项目	分项	第二层	第四层	第六层	第八层	第十层
加速度/(m/s^2)	试验值	3.016	3.515	4.545	6.952	7.628
	计算值	2.363	3.303	4.366	6.766	7.634
层间位移/mm	试验值	0.318	0.222	0.177	0.152	0.130
	计算值	0.243	0.341	0.193	0.159	0.122

由图 4-13 可知试验曲线与计算曲线吻合较好。由表 4-3 对比可知，采用峰值为 6.82 m/s^2 的 El-Centro 波进行时程分析时，结构最大层间位移发生在第二层 1.153 mm，层间转角为 1/260，四层及以下楼层进入屈服状态。

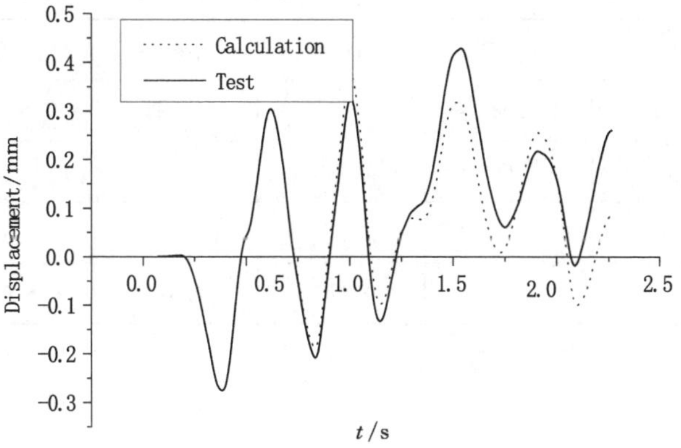

(a) 二层位移对比

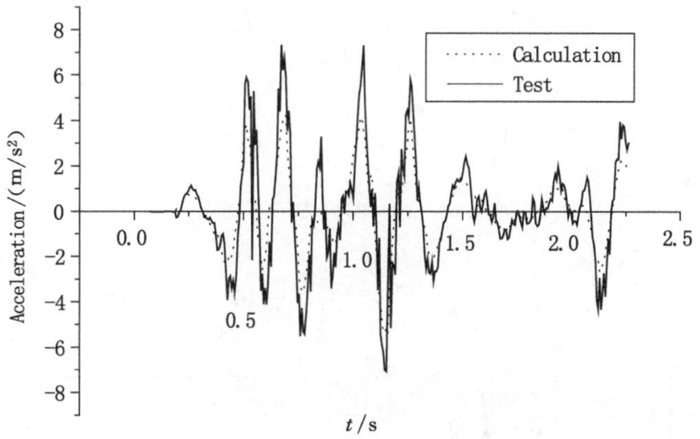

(b) 十层加速度对比

图 4-12 2.73 m/s² El-Centro 波时程分析计算值与试验值对比

表 4-3 峰值 6.82 m/s² El-Centro 波时程分析计算值与试验值对比

项目	分项	第二层	第四层	第六层	第八层	第十层
加速度/(m/s²)	试验值	4.962	6.192	7.461	17.333	16.77
	计算值	4.249	5.944	7.152	14.195	16.585
层间位移/mm	试验值	1.153	1.071	0.532	0.331	0.249
	计算值	1.081	1.274	0.567	0.296	0.217

由图 4-14 可知试验曲线与计算曲线吻合较好。由表 4-4 对比可知,采用峰值为 11.02 m/s² 的 El-Centro 波进行时程分析时,四层及以下楼层进入屈服状态,结构最大层间位移发生在第二层 3.183 mm,层间转角为 1/94,试验过程中,当 El-Centro 波峰值达到 11.02 m/s² 时,模型焊点局部失效,使结构整体刚度减小,因此在 0.5 s 后实测值与数值解偏差增大。

表 4-4　峰值 11.02 m/s^2 El-centro 波时程分析计算值与试验值对比

项目	分项	第二层	第四层	第六层	第八层	第十层
加速度 m/s^2	试验值	8.087	7.832	9.722	15.344	19.95
	计算值	7.662	6.749	9.598	14.326	17.448
层间位移 mm	试验值	3.183	2.166	2.832	1.621	1.057
	计算值	3.088	2.346	2.344	1.631	0.966

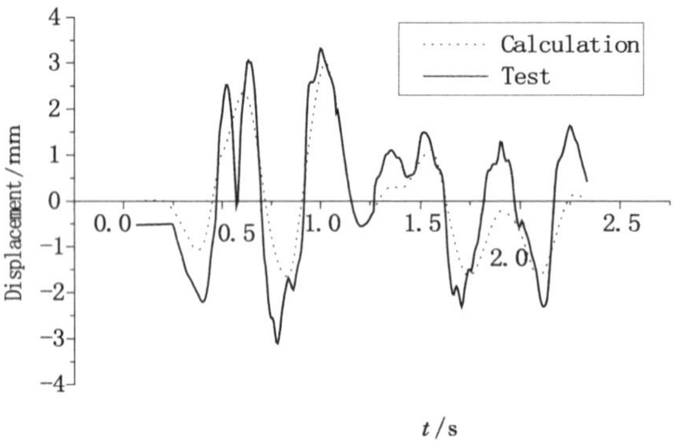

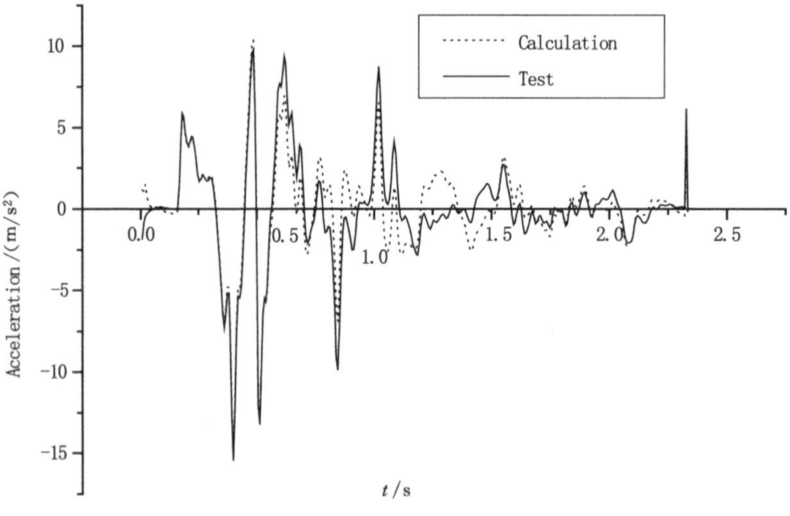

图 4-13　6.82 m/s^2 El-Centro 波时程分析计算值与试验值对比

通过对计算值与试验结果的对比分析可知，在弹性阶段、塑性阶段，模拟计算的时程曲线与试验实测值均吻合较好。这表明，刚架-等效复合板弹塑性力学模型能够满足精度要求，可用于装配式复合墙结构的全过程地震反应分析。

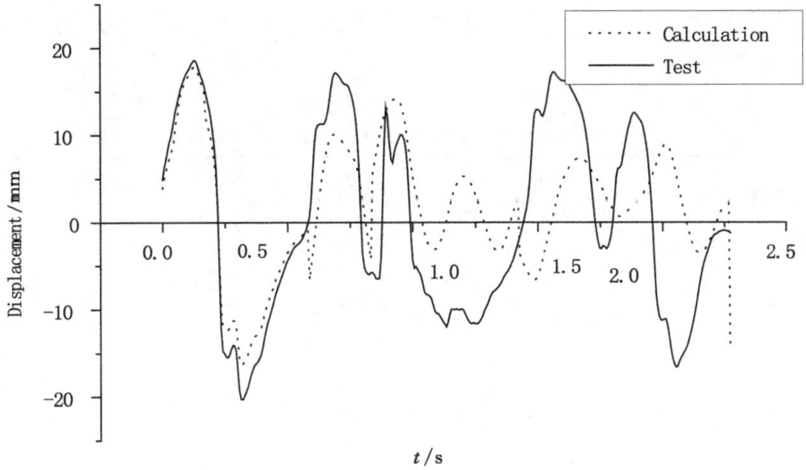

(a) 二层位移反应对比

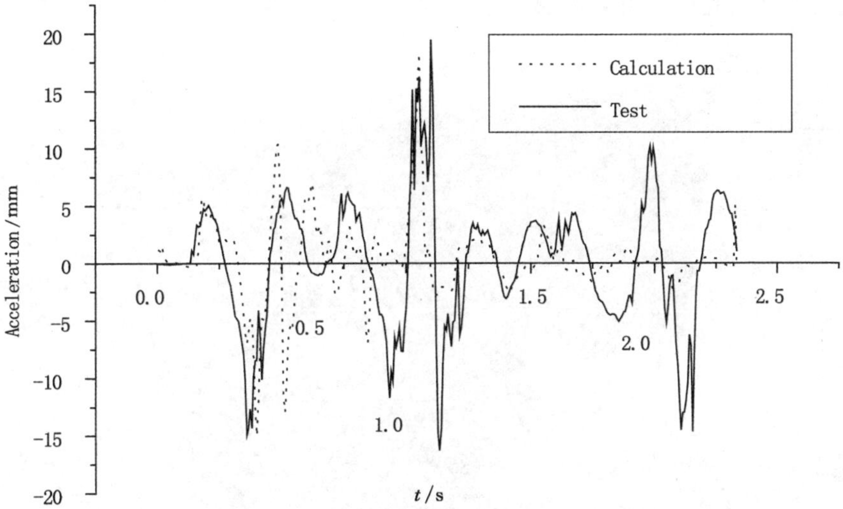

(b) 十层加速度反应对比

图 4-14　11.02 m/s² El-Centro 波时程分析计算值与试验值对比

4.3　被动式装配复合墙结构动力反应分析

4.3.1　工程概况

根据已建装配式复合墙结构工程进行算例分析，8 层住宅楼，结构高度为 23.20 m，结构安全等级为二级，施工质量控制等级为 B 级，抗震设防烈度为 8 度，基本地震加速度设计为 0.20 g，场地类别为Ⅱ类，设计地震分组为第一组，特征周期为 0.35 s，结构阻尼比为 0.05，±0.000 m 以上的混凝土等级均为 C30，层高均为 2.9 m，墙板厚度均为 200 mm，楼板均为 100 mm。

为考查不同保温材料对被动式装配复合墙结构的结构动力特性的影响，在保证结构形式、墙板尺寸不变的前提下，仅改变保温承重一体化复合墙体的保温材料，各种保温结构层施工做法详见表 4-5 所示。

表 4-5 结构保温层施工做法

墙体名称	装配式复合墙	纤维增强 EPS 保温砂浆夹芯保温复合墙	XPS 聚苯板夹芯保温复合墙	发泡水泥外保温复合墙
复合墙板	200 mm 复合墙板	200 mm 复合墙板	200 mm 复合墙板	200 mm 复合墙板
黏结层		10 mm 黏结砂浆	10 mm 黏结砂浆	10 mm 黏结砂浆
保温层		35 mm 纤维增强 EPS 保温砂浆	50 mm XPS 聚苯板	40 mm 发泡水泥
外饰面		45 mm 细石砼	10 mm 抹面砂浆	10 mm 抹面砂浆
黏结层		钢丝网	网格布	网格布

4.3.2 计算模型

采用 4.1.2 中验证的刚架-等效复合板弹塑性模型，建立该结构弹塑性模型如图 4-15 所示。

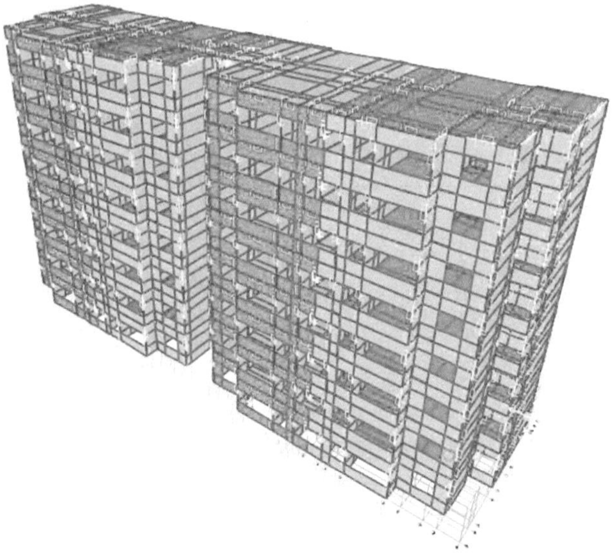

图 4-15 刚架-等效复合板弹塑性模型

4.3.3 时程反应对比分析

地震波的选取依据为波形特征与建筑物所在场地条件接近或相似，经分析选用 El-Centro 波，该地震波具有加速度较大、频带较宽、持续时间适中的特点，适合于中软场地土，在加速度值相同的情况下，能产生相对更大的地震作用。根据验算要求，将加速度峰值均调整为 70 cm/s^2，其波形如图 4-16 所示。

(1) 周期对比分析

由表 4-6 可得，被动式装配复合墙结构的前六振型周期相对于普通装配式复合墙结构较小，由于保温承重一体化复合墙体的抗侧刚度增大，故整体结构的周期减小。

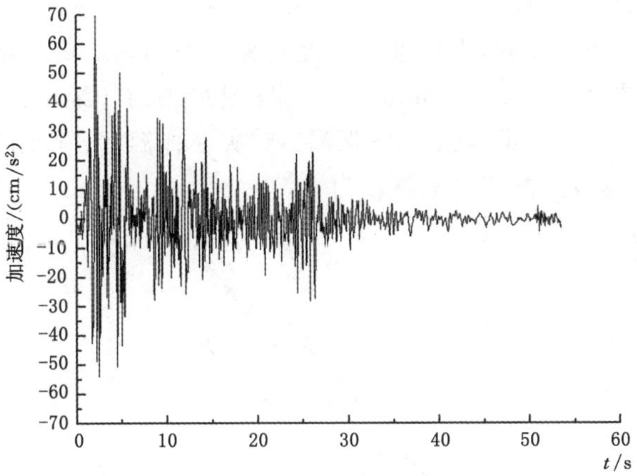

图 4-16 El-Centro 波时程曲线

表 4-6 周期数值解对比

结构\周期	T_1	T_2	T_3	T_4	T_5	T_6
装配式复合墙	0.424 0	0.395 1	0.327 7	0.126 3	0.086 7	0.081 3
纤维增强 EPS 保温砂浆夹芯保温复合墙	0.390 0	0.370 2	0.305 0	0.115 7	0.080 3	0.075 4
XPS 聚苯板夹芯保温复合墙	0.402 0	0.379 2	0.313 1	0.119 4	0.082 6	0.077 5
发泡水泥外保温复合墙	0.408 8	0.384 1	0.317 6	0.121 5	0.083 9	0.078 7

(2) 各楼层位移对比

由表 4-7 可得,弹性阶段不同保温材料的被动式装配复合墙结构各层位移及层间位移角,在多遇地震作用下各楼层的层间最大位移角均远小于上限值 1/800,结构处于弹性工作阶段,满足规范上小震下(加速度为 70 cm/s²)的抗震设计要求。

表 4-7 各楼层的侧移计算

楼层	装配式复合墙			纤维增强 EPS 保温砂浆夹芯保温复合墙			XPS 聚苯板夹芯保温复合墙			发泡水泥外保温复合墙		
	楼层位移/mm	层间位移/mm	层间位移角 θ	楼层位移/mm	层间位移/mm	层间位移角 θ	楼层位移/mm	层间位移/mm	层间位移角 θ	楼层位移/mm	层间位移/mm	层间位移角 θ
8	13.58	1.386	1/2092	8.57	0.88	1/3295	10.01	1.023	1/2835	11.148	1.152	1/2517
7	12.194	1.554	1/1866	7.69	0.99	1/2929	8.987	1.155	1/2511	9.996	1.272	1/2280
6	10.64	1.75	1/1657	6.70	1.11	1/2613	7.832	1.298	1/2234	8.724	1.44	1/2014
5	8.89	1.89	1/1534	5.59	1.19	1/2437	6.534	1.386	1/2092	7.284	1.548	1/1873
4	7.00	1.96	1/1479	4.40	1.24	1/2339	5.148	1.452	1/1997	5.736	1.608	1/1803
3	5.04	1.918	1/1512	3.16	1.21	1/2397	3.696	1.408	1/2060	4.128	1.584	1/1831
2	3.122	1.68	1/1726	1.95	1.05	1/2762	2.288	1.232	1/2354	2.544	1.368	1/2120
1	1.442	1.442	1/2011	0.90	0.9	1/3222	1.056	1.056	1/2746	1.176	1.176	1/2466

从图 4-17～图 4-18 可以看出,在地震波作用下,不同保温材料的被动式装配复合墙结构的楼层侧移总体趋势是一致的,无保温的装配式复合墙结构的侧移量最大,在 El-Centro 波作用下楼层发生总的侧移为 13.58 mm,约为侧移量最小的纤维增强 EPS 保温砂浆夹芯保温复合墙结构的 1.58 倍,纤维增强 EPS 保温砂浆夹芯保温复合墙结构在 El-Centro 波作用下的层间位移最小,且各层的相对侧移较为均匀。

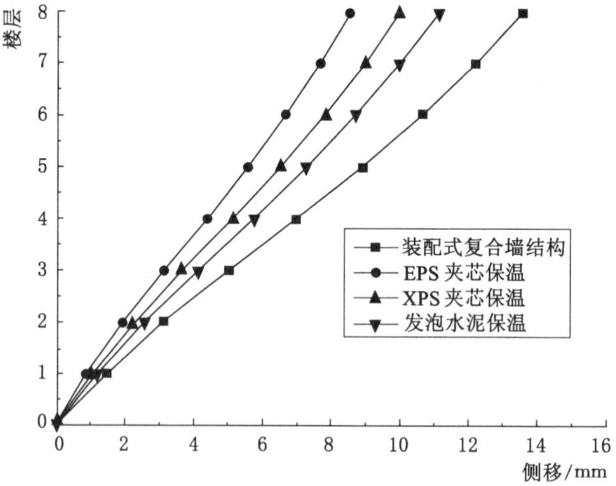

图 4-17　EL-CENTRO 波下楼层侧移对比

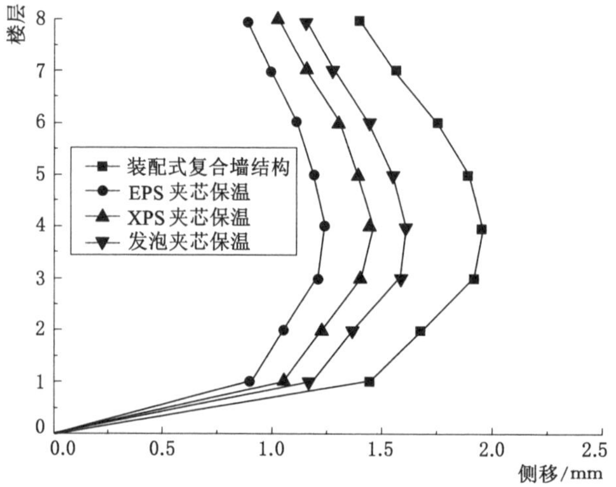

图 4-18　EL-CENTRO 波下层间位移对比

(3) 不同保温材料的被动式装配复合墙结构楼顶最大位移与加速度时程反应对比

通过对不同保温材料的被动式装配复合墙结构在 El-Centro 波作用下的时程反应分析,可得结构的最大位移、加速度等时程反应工况。为了更清楚地对比分析其结构反应,将不同工况下的时程反应拟合到一个坐标系下,如图 4-19 所示。

由图 4-19 可知,被动式装配复合墙结构的楼层总体侧移趋势是一致的,无保温的复合墙结构的侧移量最大,在 El-Centro 波作用下楼层发生总的侧移为 13.58 mm,约为侧移量

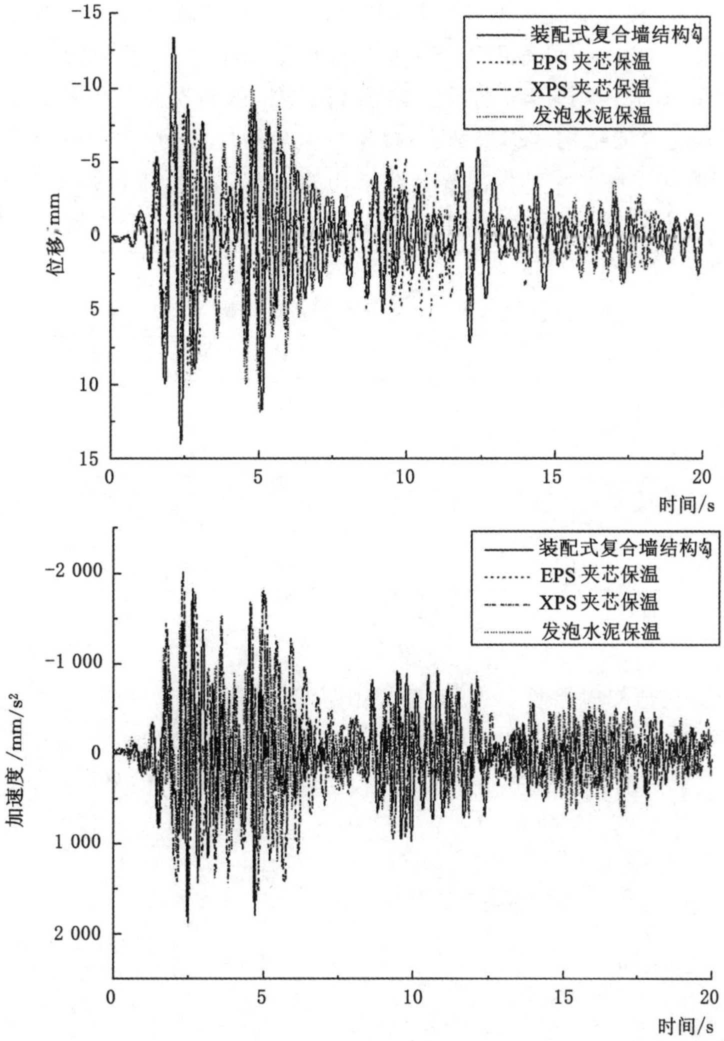

图 4-19　El-Centro 波下楼顶最大位移及加速度时程反应对比

最小的纤维增强 EPS 保温砂浆夹芯保温复合墙结构的 1.58 倍;纤维增强 EPS 保温砂浆夹芯保温复合墙结构在 El-Centro 波作用下的层间位移最小,且各层的相对侧移较为均匀。不同的保温材料虽对整体结构存在影响,但均能满足我国现行抗震规范的要求。

4.4　本章小结

本章基于墙体试验研究成果,结合结构构造及受力特点,提出被动式装配复合墙结构的全阶段计算模型——刚架—等效复合板弹塑性力学模型。结合建成的工程实例,对比不同保温材料的被动式装配复合墙结构工程在地震反应作用下的位移、加速度等性能指标。研究结果表明:

(1) 被动式装配复合墙结构的全阶段简化模型——刚架-等效复合板弹塑性力学模型,即采用杆元、壳元(复合弹性板)以及多段线塑性连接单元共同组成的混合单元模型,保持了结构原有的受力特性，极大简化模型计算量，能够较好地模拟装配式复合墙结构弹塑性阶段的真实破坏过程及动力特性，可适用于该结构的非线性动、静力计算分析。

（2）在 El-Centro 波作用下，被动式装配复合墙结构的楼层总体侧移趋势较为一致，无保温的普通装配式复合墙结构侧移量最大，楼层发生总的侧移为 13.58 mm，约为侧移量最小的纤维增强 EPS 保温砂浆夹芯保温复合墙结构的 1.58 倍；纤维增强 EPS 保温砂浆夹芯保温复合墙结构各层的相对侧移较为均匀。不同的保温材料对装配式复合墙整体结构存在部分影响，但 4 种结构形式均能满足我国现行抗震规范要求。

5　被动式装配复合墙结构住宅建筑能耗对比分析

本章采用组合壁热阻公式，将装配式复合墙板简化为热工并联等效单元体，推导装配式复合墙板相关热工指标的计算模型，通过防护热箱试验，验证装配式复合墙板热工参数计算模型的有效性。基于层叠合板理论，将保温承重一体化复合墙体简化为热工串联等效单元体，推导保温承重一体化复合墙体相关热工指标的计算模型，并通过 ANSYS 三维稳态传热模拟进行公式验证。对比分析装配式复合墙板与不同保温材料（纤维增强 EPS 保温砂浆夹芯保温、XPS 聚苯板夹芯保温、发泡水泥外保温）的保温承重一体化复合墙板的热工参数，并进行墙体热桥指标分析。以西安地区的气候条件为基础，建立被动式装配复合墙结构住宅 DesignBuilder 建筑能耗模型，进行住宅空调季、采暖季以及全年建筑能耗对比分析。

5.1　装配式复合墙板热工计算模型

5.1.1　热工计算模型

5.1.1.1　主要热工指标

传热系数 K 值及热惰性指标 D 值是主要的热工计算指标，是墙板在夏热冬冷地区使用推广的节能设计依据[51]。评价墙板的热工性能较好，主要是指其保温性及隔热性。保温性能一般是指墙板在冬季时阻止建筑散热，而隔热主要是指墙板在夏季时阻挡室外环境高温对建筑的影响，这两个指标均能反映墙板保持室内适宜温度的隔断能力[51]。冬季时，室外环境对建筑物内部的传热过程可以看作为稳定传热，因而可以采用传热系数 K 值或传热阻 R 值来进行评价[51]。夏季时，建筑物内部的散热过程通常是波动的，与室内的空调等设备干扰有很大关系，因而可以采用 24 h 波动传热来表示，是用当地的气候条件及围护结构的构造层情况计算得到内表面的最高温度 tmax(℃)，并与当地夏季室外最高计算温度 tmin(℃)比较[51]。

冬季与夏季对建筑围护墙体的要求不同。冬季时，传热系数 K 值越大，围护墙体的热阻越高，室内的保温作用越好；夏季要求建筑围护墙体热阻较大的同时热稳定性好，从而避免能源消耗，热惰性指标 D 值要求较高[52]。用热惰性指标来反映围护墙体对温度波衰减的快慢程度，可表示为墙体热阻 R 与蓄热系数 S 的乘积[52]。墙体的热惰性指标 D 值越高，则表示墙体的热稳定性能越好。围护墙体的蓄热系数 S 是指单一材料层单侧受谐波热作用，且表面温度随谐波热同周期波动，蓄热系数可表示为材料的热流波幅与温度波幅的比值，蓄热系数越大则代表材料的传热稳定性能相对越好。

5.1.1.2　热工指标计算公式推导

由于装配式复合墙板是多种材料组合而成，主要是由内填砌体、约束梁及约束柱构成，具有复杂的传热形式。在热流穿过多层组合壁时，热流密度显然不是均匀相等的，如果采用一维稳定传热计算，必然会造成结果误差。因此，从平行热流方向，将墙板划分为多个重复的等效单元，等效单元间的热流密度看作是平均相等的，这样就可以符合整体一维稳定传热的特征[54]。这就是装配式复合墙板热工匀质化等效单元的简化思想。等效单元的平均热阻计算值即为组合壁的平均热阻值。

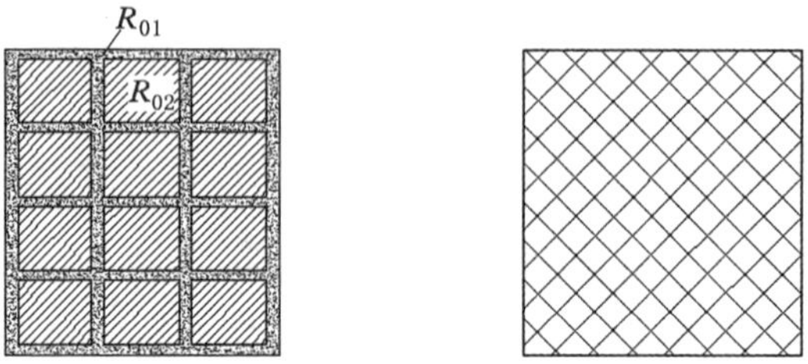

R_{o1}——肋梁、柱热阻；R_{o2}——填充体热阻；$\bar{R}$——结构层平均热阻

图 5-1　预制复合墙板结构层平均热阻的计算示意图

当围护墙板是由单层或多层匀质薄壁组成时，墙板的热流强度可以按式(5-1)进行计算。

$$q=\frac{\theta_i-\theta_e}{\frac{d}{\lambda}}=\frac{\theta_i-\theta_e}{R} \tag{5-1}$$

式中，θ_i、θ_e 为平壁内外表面的温度(℃)；d 为材料厚度；λ 为材料的导热系数；d/λ 定义为热阻，表示热传递过程中的阻力，即：

$$R=\frac{d}{\lambda} \tag{5-2}$$

式中，R 为材料的热阻，$(m^2\cdot K)/W$。

热阻指标[52]可以表示围护墙体对抗热量传递的能力效果，热阻越大，围护墙体有效减少热量传递，建筑整体的保温性能较好。根据公式(5-2)表述可得，决定墙体热阻的主要影响因素为墙体结构的厚度以及材料的导热系数。

传热系数 K 值[52]是指在建筑热环境相对稳定状态下，1 小时内通过建筑围护墙板单位平方米面积传递的热量。可按式(5-3)计算：

$$K=1/R_0 \tag{5-3}$$

式中，R_0 为传热阻，$(m^2\cdot K)/W$。由公式(5-3)可以看出，墙板的 K 与传热阻 R_0 互为倒数。

(1) 平均热阻

材料的不均匀性决定了等效单元之间必然存在内外表面的温度差异，因此，等效单元内的平均热流密度按式(5-4)计算：

$$\bar{q}=(t_i-t_e)/D \tag{5-4}$$

式中，t_i，t_e 分别为室内、室外环境温度。

通过等效单元的总传热量可按照式(5-5)计算：

$$Q=F_1(t_i-t_e)/R_{01}+F_2(t_i-t_e)/R_{02} \tag{5-5}$$

式中，F_i 为垂直热流方向的传热面积；R_{01}，R_{02} 为各部分的传热阻。

通过等效单元的平均热流密度为：

$$\bar{q} = Q/(F_1 + F_2) \tag{5-6}$$

由式(5-4)、(5-5)、(5-6)可得，墙板的传热阻 R_0 为：

$$R_0 = (F_1 + F_2)/(F_1/R_1 + F_2/R_2) \tag{5-7}$$

等效单元的平均热阻 $\bar{R}$ 是墙板传热阻与内、外表面换热阻 R_i、R_e 的差值，即

$$\bar{R} = R_0 - (R_i + R_e) \tag{5-8}$$

考虑到单元内不是严格的一维稳定传热，故在此基础上再修正。修正系数为 φ，其平均热阻可表示为：

$$\bar{R} = \left[\frac{F_0}{\dfrac{F_1}{R_{0,1}} + \dfrac{F_2}{R_{0,2}} + \cdots + \dfrac{F_n}{R_{0,n}}} - (R_i + R_e)\right] \times \varphi \tag{5-9}$$

式中，$\bar{R}$ 为平均热阻，$(m^2 \cdot K)/W$；F_0 为垂直热流方向的传热面积，m^2；F_1、F_2、…、F_n 为平行热流方向划分的等效单元传热面积，m^2；$R_{0,1}$、$R_{0,2}$、…、$R_{0,n}$ 为等效单元传热面的传热阻；R_i 为内表面换热阻，$(m^2 \cdot K)/W$；R_e 为外表面换热阻$(m^2 \cdot K)/W$；φ 为修正系数。

(2) 热惰性指标

单层材料的平均热阻为：

$$\bar{\lambda} = \frac{\lambda_1 F_1 + \lambda_2 F_2 + \cdots + \lambda_n F_n}{F_1 + F_2 + \cdots + F_n} \tag{5-10}$$

计算该层的平均热阻为：

$$\bar{R} = \frac{d}{\bar{\lambda}} \tag{5-11}$$

该层的平均蓄热系数按下式计算：

$$\bar{S} = \frac{S_1 F_1 + S_2 F_2 + \cdots + S_n F_n}{F_1 + F_2 + \cdots + F_n} \tag{5-12}$$

综合式(5-10)～式(5-12)可得，该层的热惰性指标 D 值为：

$$D = \bar{R} \times \bar{S} \tag{5-13}$$

5.1.2 防护热箱试验

防护热箱试验作为一种对传热系数测定的精确实验方法，可以相对忽略复合墙体传热路径的复杂性，通过间接测得稳态条件下流过实验试件的热流量及依靠布置传感器测取表面温度等，特别适合对非均质外墙的传热系数进行实际测定[56]。

依据《绝热 稳态传热性质的测定 标定和防护热箱法》(GB/T 13475—2008)[57]，对试件模型进行热箱法实验测定。测点布置如图 5-2 所示：在缩尺模型的肋梁、肋柱等混凝土构件部分和肋格中间的加气混凝土砌块填充部分均匀而分散地布置 6 个温度传感器，测点的位置兼顾不同材质和位置，遵从均匀分散的原则。正中部位固定热流板(图 5-2 黑方块所示)，达到稳态时，冷侧空气温度约－3.9 ℃，热侧约为 28.3 ℃，在稳态下进行规范计量[56-57]，防护热箱试验结果如表 5-1 所示。

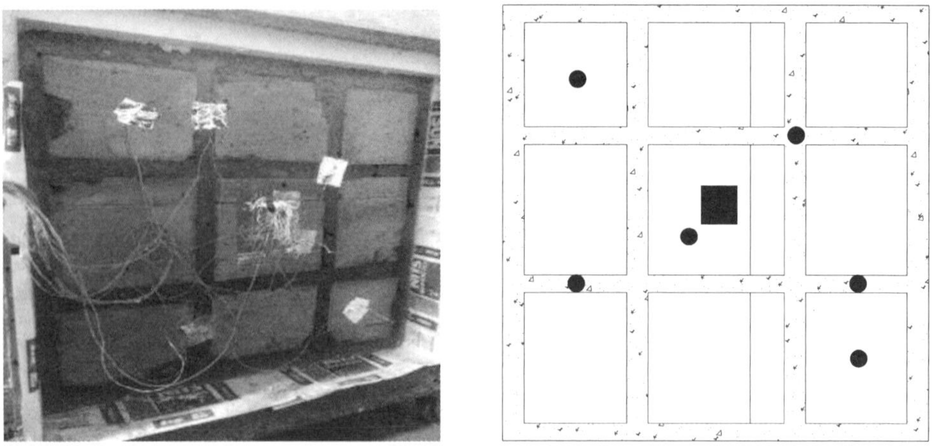

图 5-2　防护热箱测点分布图

表 5-1　防护热箱试验结果

冷表面/℃	冷空气/W	热表面/℃	热空气/W	热内壁/℃	热外壁/℃	热流计/W	热阻/[(m² · K)/W]	传热系数/[W/(m² · K)]
1.3	−4.3	20.4	27.8	27.4	21	5.94	0.17	4.33
1.3	−4.2	20.4	27.8	27.4	21.1	5.9	0.17	4.57
1.3	−4.2	20.5	27.8	27.5	21	5.94	0.17	4.59
1.4	−4.2	20.5	27.9	27.5	21.1	5.97	0.17	4.33
1.2	−4.1	20.9	28	27.6	21.1	5.97	0.18	4.33
1.5	−4	20.7	28.1	27.7	21.2	5.94	0.17	4.60
1.6	−3.9	20.7	28.2	27.8	21.1	5.93	0.17	4.27
1.6	−3.9	20.8	28.2	27.9	21.2	5.96	0.17	4.49
1.6	−3.8	20.9	28.3	27.9	21.2	5.98	0.17	4.13
1.6	−3.9	20.9	28.3	27.9	21.2	5.93	0.17	4.29
1.4	−3.9	21.2	28.4	28	21.2	5.97	0.18	4.22
1.5	−3.8	21.3	28.4	28	21.2	5.96	0.18	4.61
2.2	−3.1	22.1	29.3	28.5	21.5	6.06	0.18	4.56
2.4	−3.3	21.8	29.1	28.5	21.5	6	0.17	4.43
							0.17	4.498

5.1.3　模型验证

拾取墙体内外表面节点的热力学指标值进行循环计算，得到两侧平均温度和平均热流率等指标，利用公式算出墙板主断面的平均热阻。结合相关材料参数，计算可得装配式复合墙板的传热阻，其计算值及试验值的对比如表 5-2 所示。

表 5-2 装配式复合墙板传热阻的计算值与试验值对比

墙体类型	传热系数/[W/(m² · K)]			热惰性指标 D		
	计算值	试验值	比值	计算值	试验值	比值
无保温复合墙	4.96	4.498	1.102	2.13	2.07	1.029

从分析结果可以得出结论，公式计算值与试验值比值在允许范围内，因此热工等效公式可行。在装配式复合墙结构热阻计算时，可依据式(5-9)进行等效计算。

5.2 保温承重一体化复合墙体热工计算模型

5.2.1 热工计算模型

保温承重一体化复合墙体的内叶墙板为装配式复合墙板，保温构件的组成材料包括连接材料、保温材料和装饰材料，墙体的整体能耗主要受到各种参与材料的热特性指标的影响。根据复合材料理论[53]，将保温承重一体化复合墙体等效为内叶墙板、保温系统、保护面层构成的，内填砌块为夹杂的等效组合壁墙体，以此等效单元来研究保温承重一体化复合墙体的热工参数计算。

$$R_0 = R_i + R_1 + R_2 + \cdots + R_n + R_e \tag{5-14}$$

$$D = R_1 S_1 + R_2 S_2 + \cdots + R_n S_n \tag{5-15}$$

式中，$R_1, R_2, \cdots, R_n$ 为各个传热面部位的传热阻；R_i 为内表面换热阻；S_1、S_2 为各材料的蓄热系数，$S = \sqrt{2\pi c\rho\lambda / T}$，(m² · K)/W；$c$ 为材料的比热容，J/(kg · K)；ρ 为材料的密度，kg/m³；T 为谐波周期，一般取值 24 h；λ 为材料的导热系数，W/(m · K)。

5.2.2 相关材料热工参数

(1) 建筑保温材料

纤维增强 EPS 保温砂浆配合比及热工性能指标参考第二章试验测试数据。XPS 夹芯保温及发泡水泥外保温材料为市场采购，型号同第三章抗震性能试验所用材料，将各种材料性能进行对比如表 5-3 所示。

表 5-3 保温材料性能对比

材料	XPS 聚苯板	纤维增强 EPS 保温砂浆	发泡水泥
导热系数	较大	较大	较小
容重	25～45	220～250	35～45
防潮性能	透气性、吸水率、渗透性差	有一定透气性	不吸水 不透水
耐久性	较好	较好	较好
防火阻燃	B1 级难燃	不燃	不燃
抗裂性	网格布增强	网格布增强	整体性较强
环保性能	无毒，施工不能直接接触黏结剂	燃烧时有毒	燃烧时微毒
施工难度	较大	简单	简单
造价(元/m²)	82～93	75～80	86～90

(2) 围护结构的相关物理性能

保温层及内叶墙板的构成材料是影响被动式装配复合墙板热工性能的主要因素。构成材料的相关物理及热工性能如表 5-4 所示。

表 5-4　保温材料的物理性能

材料	导热系数/[W/(m·K)]	密度/(kg/m^3)	蓄热系数/[(m^2·K)/W]
XPS 聚苯板	0.03	30	0.40
纤维增强 EPS 保温砂浆	0.055	300	1.07
发泡水泥	0.08	180	0.95
钢筋混凝土	1.74	2500	17.20
水泥砂浆	0.93	1800	11.37
混合砂浆	0.87	1700	10.75

5.2.3　ANSYS 三维传热模拟

保温承重一体化复合墙体的主体部分不可能由一个断面所代替，墙体的钢筋混凝土框格相当于纵横交错的网格状"热桥"，镶嵌于整面墙体之中，在三个维度上均有明显的材质交错及温度热流变化，用三维热分析是必不可少的。采用 ANSYS 进行墙板的三维传热模拟，对围护结构进行三维建模做分析，从而验证理论公式的合理性。

(1) 模型建立

选取合适的三维热分析单元，赋予材料属性，划分网格。建立步骤如图 5-3 所示，保温承重一体化复合墙体属于非匀质围护结构，在提取面上所有节点数值求平均温度及热流率时，节点个数密集代表材料所占面积的权重越大，如若可以加密均布节点，那么加密部位的权重就不能真实反映平均值，网格划分不均衡，所求面的平均温度、平均热流密度则不准确，因此在建模时需保证相对均匀地划分三维网格。

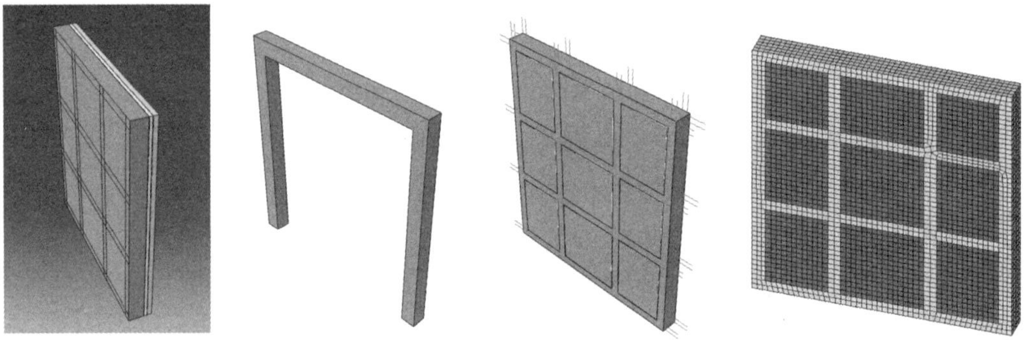

图 5-3　ANSYS 网格划分

(2) 在三维模型上施加热荷载并求解

通过 ANSYS 三维分析可得模型的温度、温度梯度、热流密度的分布云图，观察内部某剖切面的云图来分析传热规律，利用切片法通过截取平面观察内部云图[54]。保温承重一体化复合墙体的内部云图如图 5-4 所示。

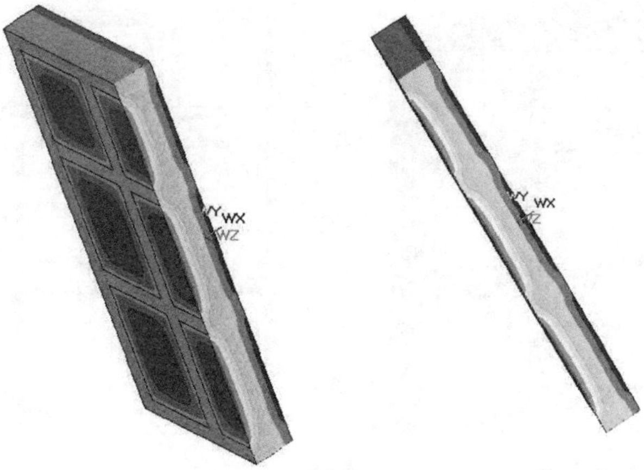

图 5-4 工作平面切片内部温度云图

(3) 热工模拟

选择三维体块模型中的目标面(一般为冷侧和热侧表面),提取这个面上的所有节点的温度、热流率等数值,分别求和,再除以该面的结点个数求平均,最终得到这个目标面上的温度或热流率的平均数值[55],即冷(热)侧表面平均温度及平均热流率。

从图 5-5 三种云图的分布情况可以看出,保温承重一体化复合墙体内外表面的温度分布基本与肋格分布状况吻合,混凝土肋梁、肋柱部位热阻小,热流密度大,热损失显著,属于墙体内嵌的“结构性热桥”;肋格中填充砌块的部位热阻较大,热流密度小,热损失相对少。但是,墙体的热量传递并非绝对分区分布,如图所示,不同材质交界部位温度、温度梯度和热流密度均呈渐进式变化,纵横分布的肋梁肋柱均以复杂的三维弥散方式影响热传递过程。

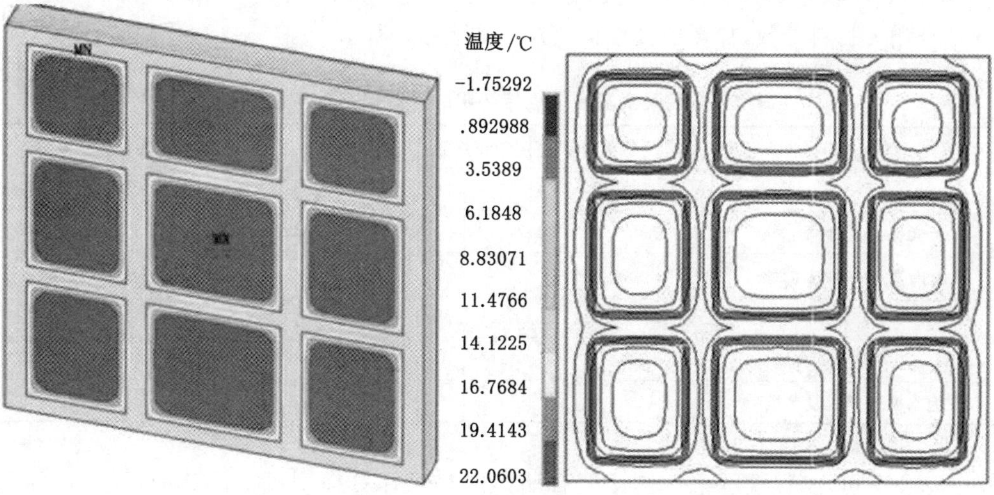

图 5-5 墙板分布云图及等值线图

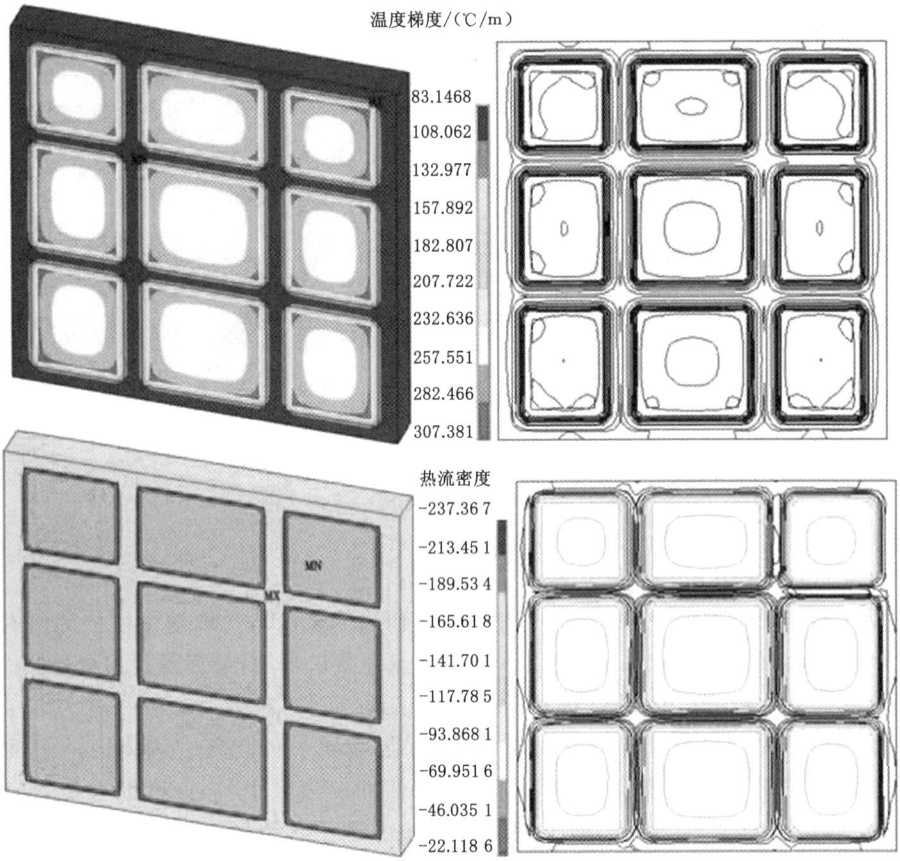

图 5-5 (续)

5.2.4 模型验证及热工分析

结合相关材料参数,计算值及模拟值对比如表 5-5 所示。

表 5-5 装配式复合墙板传热阻的计算值与模拟值对比

墙体类型	传热系数/[W/(m^2·K)]			热惰性指标 D		
	计算值	模拟值	试验值	计算值	模拟值	试验值
无保温复合墙	4.96	4.71	4.498	2.13	2.22	2.07
纤维增强 EPS 保温砂浆夹芯保温复合墙	1.41	1.16		4.75	4.82	
XPS 夹芯保温复合墙	2.230	1.98		3.92	4.01	
发泡水泥外保温复合墙	2.602	2.353		3.34	3.43	

由表 5-5 可知,保温承重一体化复合墙体的热工计算模型可行。其中,纤维增强 EPS 保温砂浆夹芯保温墙板的传热阻明显高于其他保温形式的装配式复合墙,是无保温装配式复合墙传热系数的 1/3,由此可见,纤维增强 EPS 保温砂浆夹芯保温层对装配式复合墙体的传热阻影响效果最为显著。

5.3 热桥指标分析

5.3.1 热工性能指标计算

保温承重一体化复合墙板的节能设计标准包括两个方面，一方面要求墙板内壁表面没有结露现象，另一方面要求墙板传热阻小于国家建筑节能设计标准最低要求。典型对比墙体尺寸如图 5-6 所示。

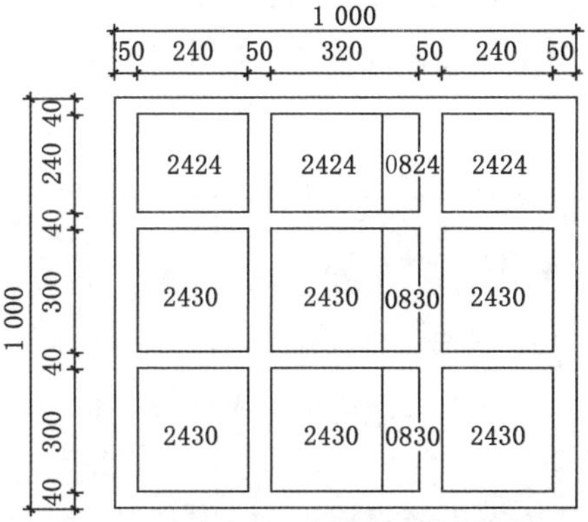

图 5-6 墙板缩尺模型

根据保温承重一体化复合墙板等效热工单元的平壁串联热工计算方法，结合墙板构成材料的热工性能参数，计算可得装配式复合墙板、纤维增强 EPS 保温砂浆夹芯保温复合墙、XPS 夹芯保温复合墙、发泡水泥外保温复合墙的热工性能参数，如表 5-6 所示。

表 5-6 基于不同保温形式的装配式复合墙体热工性能指标

墙体类型	传热系数/[W/(m^2·K)]	热惰性指标 D
无保温复合墙	4.96	2.13
纤维增强 EPS 保温砂浆夹芯保温复合墙	1.41	4.75
XPS 夹芯保温复合墙	2.230	3.92
发泡水泥外保温复合墙	2.602	3.34

5.3.2 结露点计算

在装配式复合墙结构住宅建筑中，墙板的肋梁、肋柱、连接柱以及框架梁柱都是钢筋混凝土材料，热阻很低，而填充块则多由热阻较大的轻质材料制成，由于传热能力强，这些部位的热流相对较为密集，内表面温度更容易受到室外温度的影响，因而在这些部位更易形成热桥[56]。通过保温做法，能够明显增加墙体的热阻，对这些部位进行热桥分析，计算热桥部位的传热系数，从而对围护结构的热工性能进行综合节能设计。

结露现象是指湿空气被冷却或与冷表面接触的过程中，当湿空气温度小于其露点温度时，则空气中容纳不了原有水蒸气，迫使部分水蒸气凝结成水珠(露水)析出并附着于物体低温表面的现象[59]。在围护墙体热桥部位较易发生结露现象。对于装配式复合墙结构建筑，肋梁、肋柱、连接柱及框架梁柱等易形成热桥的部位，需要进行结露分析。

由《民用建筑热工设计规范(含光盘)》(GB 50176—2016)[59]可知，当肋宽 α 与结构厚度 δ 比值 $\alpha/\delta > 1.5$ 时，可采用式(5-16)计算围护墙体热桥部位的内表面温度：

$$\theta'_i = t_i - \frac{t_i - t_e}{R'_0} R_i \tag{5-16}$$

式中，θ'_i 为热桥部位内表面温度；t_i 为室内计算温度；t_e 为室外计算温度；R'_0 为热桥部位的传热阻；R_i 为内表面换热阻，取 0.11$(m^2 \cdot K)/W$。

当肋宽 α 与结构厚度 δ 比值 $\alpha/\delta \leqslant 1.5$ 时，采用式(5-17)计算围护墙体热桥部位内表面温度。

$$\theta'_i = t_i - \frac{R'_0 + \eta(R_0 - R'_0)}{R'_0 \times R_0} R_i (t_i - t_e) \tag{5-17}$$

式中，R_0 为非热桥部位的传热阻，$(m^2 \cdot K)/W$；η 为修正系数。

由《民用建筑热工设计规范(含光盘)》(GB 50176—2016)[59]可知，在计算室内空气露点温度时，民用住宅室内空气相对湿度为60%，查表可得，当 $t_i = 18$ ℃时，$P_s = 2\ 062.5$ Pa，空气中的水蒸气分压力 $P = 2\ 062.5 \times 60\% = 1\ 237.5$ Pa，当 $P_s = 1\ 237.5$ Pa 时所对应的温度即为露点温度，查表得民用住宅室内露点温度为 10.12 ℃。

结合保温承重一体化复合墙板不同保温做法，计算热桥部位的内表面温度。

(1) 中部肋梁、肋柱处，$\alpha/\delta = 0.5 < 1.5$，故采用式(5-17)进行计算。以装配式复合墙板为例，计算如下：

$R'_0 = 0.308 (m^2 \cdot K)/W$，$R_0 = 1.246 (m^2 \cdot K)/W$，插值查表得：$\eta = 0.785$

$$\theta'_i = 18 - \frac{0.308 + 0.785 \times (1.246 - 0.308)}{0.308 \times 1.246} \times 0.11 \times [18 - (-12)] = 9.0 < 10.12 \text{ ℃}$$

(2) 由于连接柱与墙板边肋柱浇注在一起，因此，此处的 $\alpha/\delta = 1.5$，仍采用式(5-17)进行计算。以装配式复合墙板为例，计算如下：

$R'_0 = 0.308 (m^2 \cdot K)/W$，$R_0 = 1.246 (m^2 \cdot K)/W$，插值查表得：$\eta = 0.95$

$$\theta'_i = 18 - \frac{0.308 + 0.95 \times (1.246 - 0.308)}{0.308 \times 1.246} \times 0.11 \times [18 - (-12)] = 7.7 < 10.12 \text{ ℃}$$

热桥部位结露点计算值如表 5-7 所示。

表 5-7 结露点计算值

墙体类型	保温材料	热桥部位结露点/℃	
		中部肋梁、肋柱	连接柱及边肋柱
装配式复合墙板	无	9.0	7.7
保温承重一体化复合墙板	纤维增强 EPS 保温砂浆	16.2	16.0
	XPS 聚苯板	12.1	10.9
	发泡水泥	12.9	11.0

通过对比分析可知，普通装配式复合墙板在热桥部位如果不采取保温措施，相对较易出

现内表面结露现象，而保温承重一体化的复合墙板无论是墙板中部肋梁、肋柱，还是墙板连接柱，其内表面温度均远大于露点温度，因此不会出现结露现象。

5.4 DesignBuilder 建筑能耗对比分析

5.4.1 建筑能耗 DesignBuilder 模型

在严寒和寒冷地区，居住建筑的冬季采暖能耗占能源消耗的主要比重。因此，对于这些区域的民居和住宅建筑，正确评估其冬季采暖能耗，是判定建筑是否节能的主要依据[59]。根据节能规范，在不满足传热系数的现值时，不会直接判定为节能不达标，而是会进行建筑外围护结构的权衡判断，在夏热冬冷地区进行建筑节能设计时应当满足在节能设计规定环境条件下的采暖与空调耗电量之和小于参照建筑在同等条件下的耗电量之和[59]。

室外环境温度的外界影响、室内空调采暖的主动影响以及建筑物围护结构的影响都会产生建筑物内热，DesignBuilder[60]是针对建筑能耗动态模拟程序——EnergyPlus 开发的综合用户图形界面模拟软件，软件提供完整的环保性能数据库，包含 ASHRAE（美国冷暖气空调学会）世界气象数据和观测地点数据，以及 EnergyPlus 的逐时更新气象文件，输出是基于详细的 EnergyPlus 逐时模拟引擎。DesignBuilder 在模拟计算时，将房间划分为各个 room 热力系统，其干扰量分为外扰系和内扰系[60]。基于此，本书重点研究在相同建筑形式及环境条件下，不同围护墙板保温做法的热阻变化如何影响被动式装配复合墙结构住宅的建筑能耗。

除去围护结构保温承重一体化复合墙板保温材料不同外，该被动式装配复合墙结构住宅结构设计的其余参数均相同，平面示意图见图 5-7，该建筑结构主体为被动式装配复合墙结构，结构的安全等级为二级，施工质量控制等级为 B 级，建设地点为西安，当地抗震设防烈度为 8 度，设计基本地震加速度为 0.20 g，场地类别为Ⅱ类，一层建筑面积 106.92 m^2，二层建筑面积 79.20 m^2，不同外保温材料施工结构层做法如表 5-8 所示。

表 5-8 保温结构层施工做法

墙体名称	装配式复合墙	纤维增强 EPS 保温砂浆夹芯保温复合墙	XPS 聚苯板夹芯保温复合墙	发泡水泥外保温复合墙
复合墙板	200 mm 复合墙板	200 mm 复合墙板	200 mm 复合墙板	200 mm 复合墙板
黏结层	10 mm 黏结砂浆	10 mm 黏结砂浆	10 mm 黏结砂浆	10 mm 黏结砂浆
保温层		35 mm 纤维增强 EPS 保温砂浆	50 mm XPS 聚苯板	40 mm 发泡水泥
外饰面黏结层		10 mm 抹面砂浆；网格布	45 mm 细石砼；钢丝网	10 mm 抹面砂浆；网格布

5.4.2 建筑模型参数设定

住宅围护结构的热工性能比较复杂，一方面与建筑室外环境有关，受室外地理位置、日照、气温、风向、湿度等气候条件影响；另一方面，住宅围护结构本身以及保温材料的热工性能，如导热系数、蓄热系数、构造形式、建筑形式等，也对住宅的能耗产生直接的影响。

（1）墙板

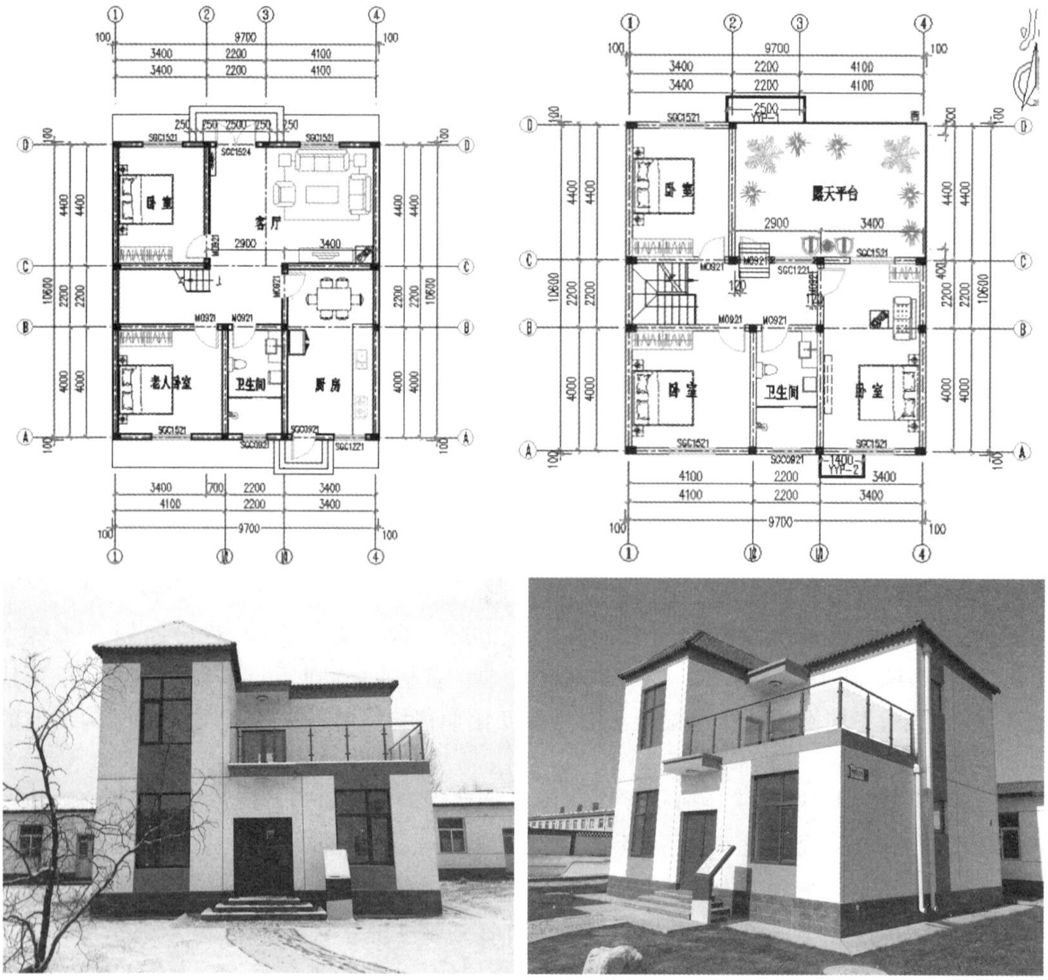

图 5-7　装配式特色民居平面示意图及实景图

墙板采用统一的模数化生产方式预制生产，力图运用最少类型的模板拼接出尽量丰富的空间组合。该建筑的结构墙体拆分设计如图 5-8 所示。

保温承重一体化复合墙板是建筑使用过程中的建筑能耗的关键指标，在 DesignBuilder 系统中，需要根据墙体的材料及构造建立保温承重一体化复合墙板的参数库。在 DesignBuilder 软件中建立基于不同保温材料的保温承重一体化复合墙板构件库。内外墙均以 200 mm 厚的装配式复合墙板为内叶墙板，考虑墙体装饰抹灰以及不同保温材料的保温层等的做法，在 DesignBuilder 中选择相应的材料及各层厚度，结合表 5-8 及组合壁热阻计算公式，设定不同材料的保温承重一体化复合墙板热阻参数，从而生成围护墙板构件库。

(2) 楼板、屋面、门窗及采暖系统

被动式装配复合墙结构采用叠合屋面，叠合屋面由 120 mm 厚钢桁架叠合楼板构成，其上铺设保温聚苯板，楼板构造方式与屋面相似，但后铺设的防水及饰面材料应根据不同功能要求予以调整；窗户统一采用 Low-e 双层玻璃；采暖设备为地采暖系统。装配式复合内墙板、围护墙板、楼板、屋面、窗户等主要围护构件的具体做法及主断面的热阻、传热系数如表 5-9 所示。

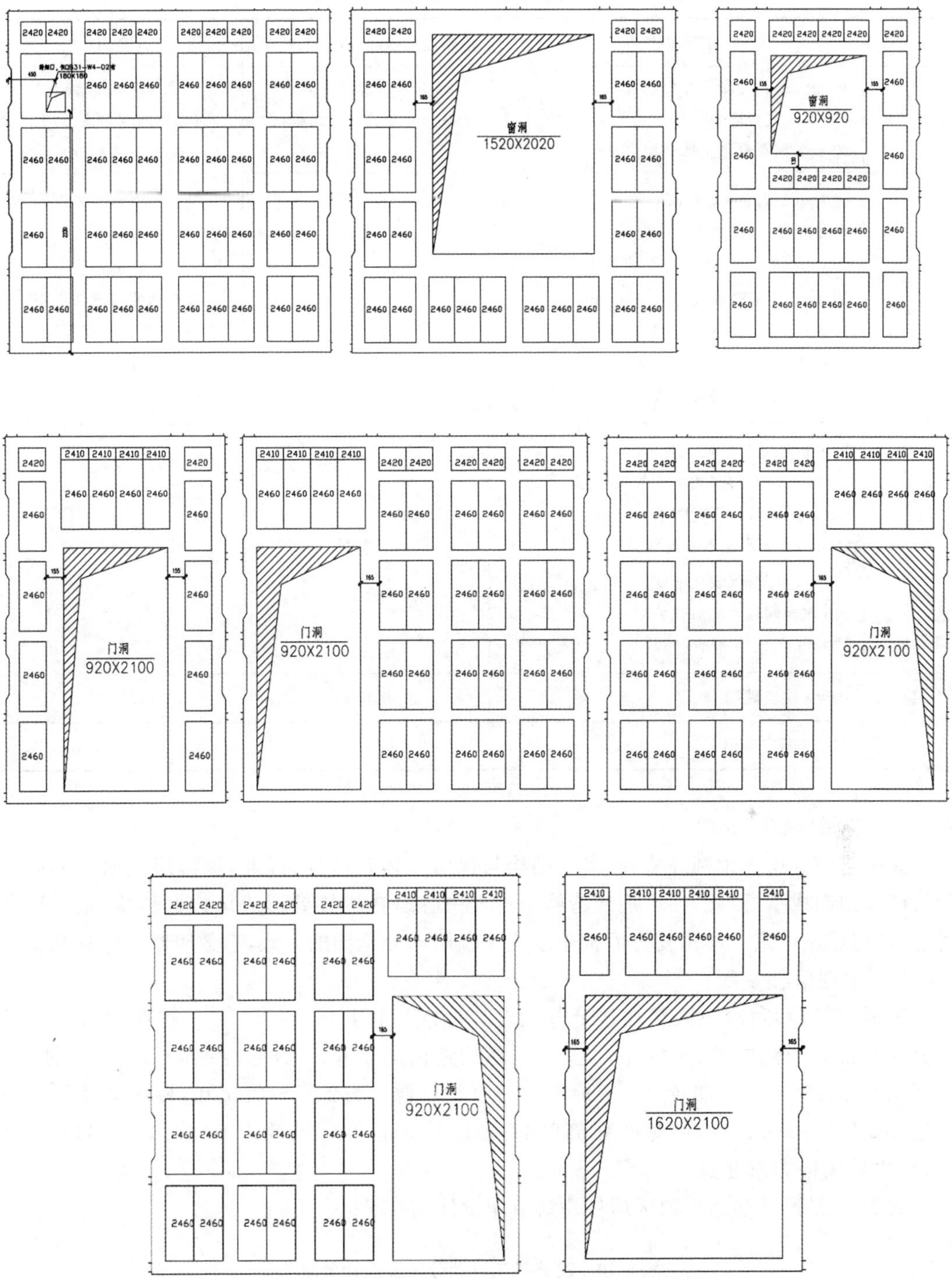

图 5-8　保温承重一体化复合墙板构造图

表 5-9　围护结构构造及热工性能指标

构造做法		主断面热阻/[(m²·K)/W]	传热系数/[W/(m²·K)]
内墙	20 mm 细石混凝土抹面层 160 mm 复合墙板 20 mm 细石混凝土抹面层	0.031+[0.168～0.291（160 mm 复合墙体结构层）]=0.199+0.322	2.387～1.845（墙体两侧对流换热均按室内标准）
楼板	20 mm 1:2.5 水泥砂浆 水泥砂浆一道(内掺建筑胶) 30 mm C20 细石混凝土保护层 50 mm EPS(表观密度≥30 kg/m³) 10 mm 1:3 水泥砂浆找平层 水泥砂浆一道(内掺建筑胶) 120 mm 钢桁架叠合楼板	1.325	0.647（楼板两侧对流换热均按室内标准取值）
屋面	25 mm 1:2.5 水泥砂浆 2～3 mm 麻刀灰(或纸筋灰)隔离层 4 mm SBS 改性沥青防水卷材一道 25 mm 1:3 水泥砂浆找平层 50 mm 聚苯板(表观密度≥30 kg/m³) 1:6 水泥陶粒或矿渣找坡 120 mm 钢桁架叠合楼板	1.396	0.647
窗	Low-e 中空玻璃	0.589	1.698
门	木质平板空心门	0.4	2.5

(3) 热桥“断桥”处理

该民居所选用的预制外墙板，属于结构与保温一体化构件，因此，保温层在墙板的生产阶段已经预制成型，因此，在后期建造施工过程中容易在拼接处形成结构性热桥，基于这点考虑，预制保温承重一体化复合墙板采取使保温层向外延伸的方式，有效阻断了结构热桥。

(4) 地理信息参数

根据《严寒和寒冷地区居住建筑节能设计标准》(JGJ 26—2018)[61]，按照建筑热工设计分区及设计规范要求（如表 5-10 所示），西安地区属于ⅡB 区（寒冷地区），气候特征为：年平均气温 13.0 ℃～13.7 ℃，最冷 1 月份平均气温－1.2 ℃～0.0 ℃，最热 7 月份平均气温 26.3 ℃～26.6 ℃，年降水量 522.4～719.5 mm，年日照时数 1 646.1～2 114.9 小时，年主导风向为东北风。

表 5-11 是严寒和寒冷地区居住建筑节能设计气候子区。

表 5-10　建筑热工设计分区及设计要求

分区名称	分区指标		设计要求
	最冷月平均温度	日平均温度≤5 ℃的天数	
严寒地区	≤－10 ℃	≥145 d	冬季保温
寒冷地区	0～－10 ℃	90～145 d	冬季保温兼顾夏季防热

表 5-10(续)

分区名称	分区指标		设计要求
	最冷月平均温度	日平均温度≤5 ℃的天数	
夏热冬冷地区	0～−10 ℃	0～90 d	夏季防热兼顾冬季保温
夏热冬暖地区	10 ℃	日平均温度≥25 ℃的天数 100～200 d	夏季防热

表 5-11 严寒和寒冷地区居住建筑节能设计气候子区

气候子区		分区依据
严寒地区（Ⅰ区）	严寒 A 区	6 000≤HDD18
	严寒 B 区	5 000≤HDD18<6 000
	严寒 C 区	3 800≤HDD18<5 000
寒冷地区（Ⅱ区）	寒冷 A 区	2 000≤HDD18<3 800，CDD26≤90
	寒冷 B 区	2 000≤HDDl8<3 800，CDD26>90

(5) 室外计算参数

室外计算参数包括室外计算温度，计算用采暖期、最冷月平均气温及最热月平均气温等变量，根据《民用建筑热工设计规范(含光盘)》(GB 50176—2016)[59]规定，按照热惰性指标 D 值的大小，墙体围护结构可分为四种类型，西安地区在进行能耗计算时，围护结构冬季室外计算温度 t_e 值，可按表 5-12 采用。

表 5-12 西安市围护结构室外计算参数

	冬季室外计算温度/℃				设计计算用采暖期				最冷月平均气温/℃	最热月平均气温/℃
	Ⅰ型	Ⅱ型	Ⅲ型	Ⅳ型	天数/d	平均温度/℃	平均相对湿度/%	度日数/(℃·d)		
西安	−5	−8	−10	−12	100	0.9	66	1710	−0.9	26.4

(6) 内扰及通风等参数

建筑能耗热扰[61]主要是指空调调控系统、人员热扰、照明设备等因素的影响，在室内热扰因素一致的情况下，对比装配式复合墙结构及不同保温材料的被动式装配复合墙结构住宅的建筑能耗，按照房间使用功能不同，由系统自动设定，采暖及空调需求不同，房间类型设定为卧室、起居室、厨卫、楼梯间、阳台等。每个房间系统默认为一个能耗系统，设置为连续供暖模式或非采暖房间，根据室内连续实时温度模拟，按照设定的室内温度指标，由系统自动调整主动设备热扰模式供热量与空调的开启状态[60]。

由人员在住宅室内活动引起的热流交换称为建筑能耗中的人员热扰[60]，一般情况下，人体 24 h 正常的发热量为 53.0 W、产湿量为 0.061 kg/Hr。DesignBuilder 模拟根据房间类型自动设定常规使用人数、人员作息时间及人员干扰率等参数，根据房间用途模拟人员热扰对建筑能耗的影响。主卧室人员作息的设定如表 5-13 所示，其他房间的设定方法类似。

灯光热扰[61]是指室内灯光等设备对室内温度的影响，与人员热扰的设定方法类似，需要设定光源的功率、开启时段及开启比例等因素指标。根据模型设定的房间类型，按照房间功能的标准模式系统综合考虑人员热扰及灯光热扰[58]，主卧室灯光的热扰设定值如表 5-14 所示。

表 5-13　主卧室人员作息设定值

周一至周五			周六、周日		
时间段/h	干扰量	对应设定值	时间段/h	干扰量	对应设定值
1:00—8:00	100%	1.0	1:00—8:00	100%	1.0
9:00—22:00	0%	0.0	9:00—10:00	50%	0.5
23:00	50%	0.5	11:00—13:00	0%	0.0
24:00	100%	1.0	14:00—15:00	50%	0.5
			16:00—23:00	0%	0.0
			24:00	100%	1.0

表 5-14　周一至周日主卧室灯光热扰设定值

时间段/h	干扰量	对应设定值
1:00—17:00	0%	0.0
18:00—20:00	50%	0.5
21:00—23:00	100%	1.0
24:00	0%	0.0

DesignBuilder 软件中的通风参数可分为“房间与房间”“房间与外界”以及“两者都有”三种情况[61]，本次对比模拟主要考虑建筑外墙对建筑能耗的影响，因此选择“房间与外界”作为通风参数，选择“逐时通风定义”中每小时的通风次数为 0.5 次。

5.4.3　模拟计算

本书针对无保温装配式复合墙结构和 3 种不同保温材料(纤维增强 EPS 保温砂浆夹芯保温、XPS 聚苯板夹芯保温、发泡水泥外保温)的被动式装配复合墙结构建筑进行住宅负荷模拟分析，采暖季为 11 月 15 日至次年的 3 月 15 日，空调季为 6 月 20 日—8 月 20 日。DesignBuilder[62]可进行全年建筑阴影、建筑采光、建筑室温、供热系统及住宅负荷等方面分时计算分析，从而计算以房间或者空调系统整合而成的住宅整体全年逐时的室内温度及热负荷，以及采暖季、空调季和全年的单位面积热负荷等。装配式复合墙结构 DesignBuilder 能耗模型如图 5-9 所示。

采暖季能耗模拟结果如表 5-15 所示。

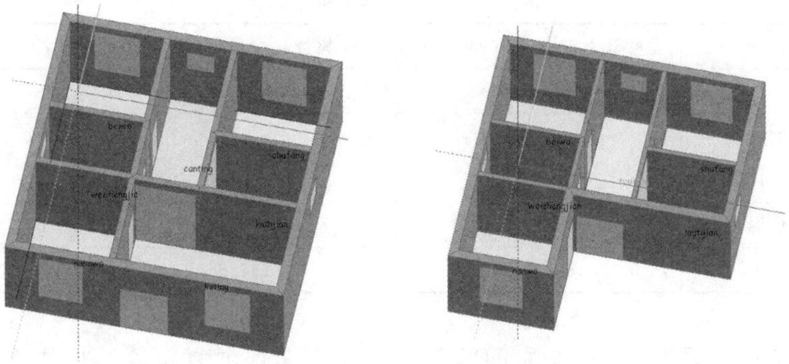

图 5-9　DesignBuilder 能耗模型

表 5-15　采暖季能耗对比

保温材料	采暖季最大能耗/(W/m^2)	采暖季总能耗/(kW·h/m^2)	采暖季平均能耗/(W/m^2)
无	176.40	88.68	43.32
纤维增强 EPS 保温砂浆夹芯保温	161.24	78.37	38.28
XPS 夹芯保温	169.99	83.31	40.96
发泡水泥外保温	169.83	82.94	40.52

从表 5-15 可以看出，无外保温材料的装配式复合墙结构住宅采暖季平均能耗最大，纤维增强 EPS 保温砂浆夹芯保温复合墙结构的平均能耗最低，相对节能率为：

$$\eta=\frac{Q_q-Q_h}{Q_q}=\frac{43.32-38.28}{43.32}=11.64\%$$

空调季能耗模拟结果如表 5-16 所示。

表 5-16　空调季能耗对比

保温材料	空调季最大能耗/(W/m^2)	空调季总能耗/(kW·h/m^2)	空调季平均能耗/(W/m^2)
无	290.69	73.32	49.91
纤维增强 EPS 保温砂浆夹芯保温	281.62	72.59	49.41
XPS 夹芯保温	287.01	72.80	49.60
发泡水泥	286.48	72.76	49.53

从表 5-16 能够看出，4 种复合墙结构住宅在空调季的能耗比较接近，最大相对节能率约为 2%。除去空调季设定的时间之外，当室内温度超出适宜范围(一般是 16～29 ℃)时，空调系统将启动，也会出现能耗，因此，需对比各建筑全年的能耗情况，4 种建筑模型全年的建筑能耗如表 5-17 所示。

表 5-17　全年建筑能耗对比

保温材料	全年累计耗热量/(kW·h)	全年累计耗冷量/(kW·h)	全年冷热量总量/(kW·h)
无	19 337.20	20 211.98	39 549.18
纤维增强 EPS 保温砂浆夹芯保温	14 421.27	18 106.57	32 527.84
XPS 夹芯保温	15 281.87	18 189.73	33 471.60
发泡水泥	15 313.39	18 161.66	33 475.05

从表 5-17 可以看出，纤维增强 EPS 保温砂浆夹芯保温复合墙结构住宅的建筑能耗最低，无保温装配式复合墙结构住宅全年建筑能耗最高，两者相差 7 021.34(kW·h)，相对节能率为：

$$\eta=\frac{Q_q-Q_h}{Q_q}=\frac{39\ 549.18-32\ 527.84}{39\ 549.18}=17.76\%$$

5.5　本章小结

通过保温承重一体化复合墙板的热工计算以及被动式装配复合墙结构能耗对比分析，研究结果表明：

(1) 装配式复合墙板以及保温承重一体化复合墙体相关热工指标计算模型有效可行。

(2) 纤维增强 EPS 保温砂浆夹芯保温复合墙的传热阻明显高于其他保温形式的装配式复合墙，是普通装配式复合墙传热系数的 1/3，热阻效果较好。

(3) 通过最低结露点计算，保温承重一体化复合墙体各个热桥部位均大于西安市最小结露点，因此不会出现结露现象。

(4) 通过 DesignBuilder 能耗分析，在采暖季，纤维增强 EPS 保温砂浆夹芯保温复合墙结构住宅的建筑能耗最低，XPS 夹芯保温复合墙结构住宅和发泡水泥外保温复合墙结构住宅的建筑能耗中等，无保温装配式复合墙建筑能耗最高，最大相对节能率达 11.64%，在空调季的能耗相差不大，最大相对节能率为 2%，全年累计能耗相对节能率为 17.76%。

6　被动式装配复合墙结构住宅全寿命优化设计方法研究

本章基于结构抗震及热工性能分析结果，结合被动式装配复合墙结构整合节能设计策略，提出适用于被动式装配复合墙结构住宅的全寿命周期优化设计方法，引入抗震与节能并重的设计目标，建立决策优化与结构优化两层次、节能与抗震双目标的建筑优化设计模型，以建造成本、维护成本、灾害损失、运行成本、修复成本等建筑全寿命费用最小化为优化目标，对各个抗震、节能的影响指标体系进行量化，通过 BP 神经网络对模型优化逼近，结合实际工程项目进行被动式细部优化设计以及全寿命费用分析，为被动式装配复合墙结构住宅的社会推广及投资决策提供依据。

6.1　建筑全寿命周期优化设计方法研究

建筑全寿命通常是指从项目的可行性论证、项目规划、项目设计、施工建造、运行维护及报废拆除的全过程[65]。传统的工程设计理念主要满足建造过程及建成后结构的短期目标，通常是以相应国家标准和规范为依据，满足规范要求为目标，如结构安全、功能适用等，仅仅只考虑建造成本，因此仅在设计阶段为最优经济性的方案，有可能在运行使用阶段需要投入更多的维护或运行费用。系统化地研究结构的使用寿命、安全性、适用性、经济性等主要功能间关系，建立被动式装配复合墙结构优化设计模型，从而凸显被动式装配复合墙结构住宅在全寿命使用过程中的优势。

6.1.1　目标函数

对于建筑结构而言，安全性是指结构能够承受正常施工和正常使用过程中可能出现的各种作用[66]。在发生设计规定的偶然因素时，如地震、飓风、爆炸等，能够保持必要的整体稳定性，不出现严重的整体性倒塌[67]。住宅舒适性要求是指结构在寿命期中良好的工作性能。在满足上述功能的前提下，建筑的经济性体现在建造成本、使用成本、维护成本、拆除成本以及灾害损失等[67]。从通常意义上来讲，经济性通常与建筑的功能之间是互相矛盾的，例如结构的舒适性要求越高，结构的造价也会提高。

传统设计思路通常是在满足各类设计规范的前提下，寻求建造成本最低的设计方案作为最优方案。其结构优化的数学模型如式(6-1)所示。

$$\begin{cases} \text{find} \quad \bar{x} \\ \min C(\bar{x}) \\ \text{s.t.} \quad g_i(\bar{x}) \leqslant G_i;(i=1,2\cdots) \end{cases} \tag{6-1}$$

式中，$\overline{x}$ 为目标设计方案向量；$C(\overline{x})$为项目的造价，是设计方案 $\overline{x}$ 的函数；$g_i(\overline{x})$为优化目标的技术性能指标，如刚度、变形等；G_i 为 $g_i(\overline{x})$的容许范围。

由式(6-1)可以看出，传统方案设计侧重于降低工程项目的建设费用，即工程造价，没有考虑工程使用阶段的经济问题，从工程全寿命周期角度来看，这种仅考虑降低工程造价的优化，往往会依据最低设计准则达到最低造价目标，不仅使得结构使用过程中由于性能急速退化产生较高的维护费用，在住宅遭遇强灾害时，可能会因此产生更大的经济损失甚至人员伤亡。

基于全寿命周期优化设计角度，以满足工程项目的功能要求及相关规范的最优设计方案为目标，以建造全过程成本(决策阶段、设计阶段、建造阶段)、维护费用和工程遇灾损失综合成本最小作为优化的目标函数[67]，可以得到：

$$\begin{cases}\text{find} \quad \overline{x} \\ \min W(\overline{x}) = C_b(\overline{x}) + C_m(\overline{x}) + L(\overline{x}) \\ \text{s. t.} \quad g_i(\overline{x}) \leqslant G_i ; (i=1,2\cdots)\end{cases} \tag{6-2}$$

式中，$C_b(\overline{x})$为建造成本；$C_m(\overline{x})$为使用成本；$L(\overline{x})$为灾害损失。

式(6-2)综合考虑了建造成本、维护成本以及灾害损失，对于传统建筑形式而言，更侧向于安全性层面，而忽略了建筑能耗带来的日常使用成本以及舒适度的要求。结合被动式住宅设计原理，以及第五章分析结果，考虑节能方案，可实现年能耗节约近 20%，因此，基于全寿命周期被动式建筑优化设计目标中引入运行成本，可得：

$$\begin{cases}\text{find} \quad \overline{x} \\ \min W(\overline{x}) = C_b(\overline{x}) + C_m(\overline{x}) + L(\overline{x}) + R_n(\overline{x}) \\ \text{s. t.} \quad g_i(\overline{x}) \leqslant G_i ; (i=1,2\cdots)\end{cases} \tag{6-3}$$

式中，$R_n(\overline{x})$ 为运行成本。

6.1.2 优化设计方法

在优化设计过程中，参数选择可以是结构抗灾设防标准，如抗震设防烈度、抗洪设防水位等，或者多重标准组成的向量。对于建筑节能设计，同样可以采用这种优化方法，并将节能标准等节能设计指标作为目标函数的变量，对其进行决策，实现在节能措施费和住宅运行费用间的合理平衡。但是在实际运行过程中，各个目标函数是多个指标标准关于多个变量组合的函数，函数目标与参数变量之间相对独立，因此，提出建筑全寿命两层次双目标优化设计方法，即方案决策优化层与技术实施优化层。

6.1.2.1 方案决策优化层

归纳起来，在地震、台风、洪水等灾害损失引起的设防标准中选取抗震设防目标函数，在能耗、采光、通风等运行费用中选取节能作为目标函数，可将第一层次方案决策层演化成关于抗震和节能双目标优化设计。

$$\min W(I,E) = C_{\text{b,min}}(I,E) + L(I,E) \tag{6-4}$$

式中，$C_{b,\min}(I,E)$为当优化项目的抗震设防标准为 I_d、节能标准为 E_d 时的建造成本；$L(I,E)$为抗震设防标准为 I_d、节能标准为 E_d 时的运行成本。为了制约总目标费用最小的方案优化过程中，制约两目标的不平衡发展，将相关性很弱的独立变量分离开，分别进行方案决策。

$$\min W(I,E) = \min W_1(I) + \min W_2(E) \tag{6-5}$$

式中，$\min W_1(I) = C_{b1,\min}(I) + L(I)$；$\min W_2(E) = C_{b2,\min}(E) + C_m(E)$。

6.1.2.2　技术实施优化层

在建造实施阶段，在符合国家设计规范的基础上，建设地点、结构特性等是项目抗震设防水平的主要影响因素。建设地点主要反映在全寿命周期内发生各强度地震的概率水平；结构特性是指结构在遭遇不同强度的地震时的破坏程度[68]。在设防水平已经确定的前提下，在符合要求的众多设计方案中的最小工程造价。这个问题可以用两种途径进行解决[68]。其一，对于具体的工程项目，在进行设防水平决策时，结构的空间布置、结构类型及结构材料等业已确定，只需要按照不同的设防水平进行结构设计，并找出每个设防水平下的最小造价的方案，即可建立该项目的设防水平与工程造价的函数关系；第二种途径，对于常见的结构类型，可以选取几个对工程造价影响比较大的指标，建立不同的结构类型、关键指标及设防水平等为自变量，工程造价为因变量的数据库，决策抗震设防水平时只需要对照工程项目的结构类型和关键指标，根据地方工程造价定额结合企业定额，综合确定工程造价。依照第一种途径，工程造价计算准确，但会造成设计工作量非常大，结合每个项目特征穷尽设计方案。第二种方法相对来讲比较简便，但给出的工程造价是统计结果，有一定偏差，从而会影响优化结果。

建筑的节能评价指标涉及工程全寿命周期的各个环节，指标内容包括建筑选址、建筑朝向、建筑体型、建筑环境，结构自身的围护墙体、设备系统及施工环境，以及建筑运行管理等各个方面。本书仅研究狭义的建筑节能问题，即建筑单体的保温节能设计与建筑使用过程中的年运行能耗之间的关系进行分析，民用住宅单体节能设计主要是指围护结构(屋面、外墙、门窗等)设计以及空调设备等人工热扰设计。在进行建筑保温设计时，选取的设计标准越高，此部分的建造费用也相应提高，但在建筑的使用过程中，采暖空调费用将由于保温效率的提升而降低，两者之间的平衡点，即费用总和的最小值，其对应保温设计标准就是最优的保温节能设计标准。决策完节能设计标准后，再对具体的节能设计的材料选取、尺寸及构造等方面，进行以最小造价为目标的优化设计，就完成了保温节能的全寿命周期优化设计。

6.2　被动式装配复合墙结构住宅全寿命周期优化设计框架

结合课题组前期关于装配式复合墙结构大量的试验研究现象以及汶川地震对实际工程项目的检测，通过第三章墙体抗震性能试验现象以及第四章结构弹塑性地震反应分析可知，在遭遇强烈地震时，被动式装配复合墙体中的填充块、肋格及连接柱等部件依次开裂，消耗地震能量，具有分灾破坏的特点和良好的抗震性能，夹芯保温的纤维增强 EPS 保温砂浆保温层可有效抑制地震时墙体的裂缝发展，并与装配式复合墙板的破坏状态同步发展。通过对保温承重一体化墙体的热工性能计算及建筑能耗模拟分析，结合课题组前期对西安、唐山等地的示范工程热工测试得知，被动式装配复合墙结构相对传统建筑结构形式具有较好的节能效果。因此基于全寿命周期对结构进行优化设计，能更好地突出该结构体系的特点。

6.2.1　两层次双目标优化设计模型

结合上节中关于建筑全寿命周期优化设计方法的研究框架，建立被动式装配复合墙结构全寿命两层次双目标优化设计模型。

6.2.1.1　抗震设计优化方案

(1) 以最小工程造价为设计优化目标，对应各个不同的设防烈度 I_d(I_d=6、7、8、9 度)，结合工程设计定额，计算与每个设防烈度对应的结构设计方案 x 及其最小造价 $C_{b1,\min}$，建立 $C_{b1,\min}$ 与设防烈度 I_d 的函数拟合关系。

(2) 对于结构设计方案 x，计算其在各破坏等级 B_i 情况下的失效概率及损失值，得到每个结构设计方案的失效损失期望，由于地震属于随机事件，因此从建筑经济的角度引入非年金成本折现系数 PVN_f，可以得到失效损失期望 C_f 与设防烈度 I_d 的关系如式(6-6)所示：

$$C_f = \sum_{i=1}^{5} P_f(B_i \mid I_d) C_{\mathrm{fi}} \times PVN_f \tag{6-6}$$

$$PVN_{\mathrm{f}} = \frac{1-(1+r)^{-nk}}{(1+r)^{f-1}} \tag{6-7}$$

当结构遭遇地震从而引起结构失效时，将失效损失期望表示为 $\sum_{i=1}^{5} P_f(B_i \mid I_d) C_{fi}$。$P_f$ 为设防烈度为 I_d 时的发生 B_i 级破坏的概率，B_i 可划分为五个等级[69]，对应的直接损失系数可参考表 6-1。

表 6-1　结构直接损失与结构初始建造费用的关系

破坏等级	B_1 基本完好	B_2 轻微损坏	B_3 中等破坏	B_4 严重破坏	B_5 倒塌破坏
直接损失	0.02	0.10	0.30	0.70	1.00

按照多级设防进行抗震设计的建筑结构，失效准则为结构在遭遇不同强度的地震时出现不同建筑破损的程度，建筑失效概率表示按照设防烈度 I_{d} 设计的主体结构，在使用寿命周期内，可能出现某种程度破坏的概率[69]。根据全概率公式，可得结构遇灾分级条件概率及结构所在场地的地震危险性研究结果，结构的失效概率可以表示为：

$$P_{\mathrm{f}}(B_i^* \mid I_d) = \int_0^{12} f(I) P(B_i^* \mid I_d, I) \tag{6-8}$$

式中，$f(I)$为项目地区在设计使用年限期内遭遇到的最大地震烈度 I 的概率密度曲线；$P(B_i^* \mid I_d, I)$为设防烈度为 I_d 时在使用寿命期内出现超过 B_i 级破坏的概率。

$$\begin{cases} P_{\mathrm{f}}(B_1 \mid I_d) = 1 - P_{\mathrm{f}}(B_1^* \mid I_d) \\ P_{\mathrm{f}}(B_i \mid I_d) = P_{\mathrm{f}}(B_{i-1}^* \mid I_d) - P_{\mathrm{f}}(B_1^* \mid I_d) \quad (i=2,3,4) \\ P_{\mathrm{f}}(B_5 \mid I_d) = P_{\mathrm{f}}(B_4^* \mid I_d) \end{cases} \tag{6-9}$$

由对我国华北、西北及西南地区 45 城镇的地震危险性分析及调查统计可得，我国地震烈度的概率分布符合极值Ⅲ型分布，可表示为：

$$F(I) = \exp\left[-\left(\frac{\omega - I}{\omega - \varepsilon}\right)^k\right] \tag{6-10}$$

式中，ω 为烈度上限值，取为 12；ε 为烈度众值，$\varepsilon = I_d - 1.55$；k 为分布形状参数，可按表 6-2 选取。

表 6-2　形状参数 k 值

基本烈度	6 度	7 度	8 度	9 度
k	9.793 2	8.333 9	6.871 2	5.402 8

在结构设计使用寿命周期内，建筑可能遭遇到的最大地震烈度 I 的概率密度曲线可以表示为：

$$f(I)=\frac{k}{\omega-\varepsilon}\times\left(\frac{\omega-I}{\omega-\varepsilon}\right)^{k-1}\times\exp\left[-\left(\frac{\omega-I}{\omega-\varepsilon}\right)^{k}\right] \tag{6-11}$$

代入式(6-8)，可以得到：

$$P_f(B_i^*\mid I_d)=\int_0^{12}\frac{k}{\omega-\varepsilon}\times\left(\frac{\omega-I}{\omega-\varepsilon}\right)^{k-1}\times\exp\left[-\left(\frac{\omega-I}{\omega-\varepsilon}\right)^{k}\right]\times P(B_i^*\mid I_d,I)\mathrm{d}I \tag{6-12}$$

为了便于应用，将场地基本烈度和设防烈度分别为 6、7、8、9 度时，结构的失效概率按照式(6-12)进行了计算[69]，结构列于表 6-3 中。

表 6-3　结构失效概率

失效概率	遭遇烈度 I_0	设防烈度 I_d			
		6	7	8	9
$P_f(B_1\|I_d)$	6	0.59	0.85	1.0	1.0
	7	0.33	0.57	0.85	1.0
	8	0.06	0.30	0.57	0.82
	9	0	0.03	0.30	0.50
	10	0	0	0.03	0.17
$P_f(B_2\|I_d)$	6	0.26	0.15	0	0
	7	0.27	0.28	0.15	0
	8	0.26	0.28	0.28	0.18
	9	0.06	0.27	0.28	0.35
	10	0	0.03	0.27	0.35
$P_f(B_3\|I_d)$	6	0.15	0	0	0
	7	0.26	0.15	0	0
	8	0.29	0.28	0.15	0
	9	0.29	0.30	0.27	0.15
	10	0.08	0.28	0.28	0.22
$P_f(B_4\|I_d)$	6	0	0	0	0
	7	0.14	0	0	0
	8	0.25	0.14	0	0
	9	0.30	0.26	0.15	0
	10	0.36	0.28	0.27	0.20

表 6-3(续)

失效概率	遭遇烈度 I_0	设防烈度 I_d			
		6	7	8	9
$P_f(B_5 \mid I_d)$	6	0	0	0	0
	7	0	0	0	0
	8	0.14	0	0	0
	9	0.35	0.14	0	0
	10	0.56	0.41	0.15	0.06

(3) 根据结构建造费用及失效损失期望,得到被动式装配复合墙结构全寿命周期费用与设防烈度的目标函数。以 $W_1(I)$ 的最小值为目标,得到方案优化决策层的最优设防烈度 I_d^* 。

$$W_1(I)=C_{b1,\min}(I_d)+\sum_{i=1}^{5}P_f(B_i\mid I_d)C_{fi}\times PVB_f \tag{6-13}$$

(4) 按照最优设防烈度 I_d^* 进行结构的优化设计,通过第 4 章结构动力反应分析,以结构的构件尺寸、配筋等关键设计参数为变量,以建造成本最小化为目标函数,实现结构抗震的优化设计。

6.2.1.2 节能设计优化方案

(1) 对于不同的节能标准 E_d(E_d=65%、68%、70%、72%、75%)得到与每个节能标准对应的节能设计方案 x 及其最小造价 $C_{b2,\min}$,建立 $C_{b2,\min}$ 与设防烈度 E_d 的函数拟合关系。

(2) 对于节能设计方案 x,计算建筑运行能耗年金函数,以及二次施工费用函数,得到各个节能设计方案的全寿命成本期望值,建立建筑能耗损失期望 C_e 与节能设计标准 E_d 之间的函数关系。

$$\begin{gathered}C_e=A\times PVB+\sum_{j=1}^{j}C_{j2}(E_d)\times\eta\\ \begin{cases}\eta=\dfrac{1-(1+r)^{-nt}}{(1+r)^t-1}\\ PVB=\dfrac{1}{r}[1-(1+r)^{-T}]\end{cases}\end{gathered} \tag{6-14}$$

式中,A 为年运行能耗成本年金,包括空调、采暖等主动式能耗控制费用;r 为利率;$\sum_{j=1}^{j}C_{j2}(\mathrm{E}_d)$ 由于保温层失效引起的二次施工的建造成本;η 为第 t 年发生的二次施工成本的折现系数;PVB 为年金折现系数。

(3) 根据结构建造费用、年运行能耗以及二次施工成本,得到被动式装配复合墙结构全寿命周期费用与节能标准的目标函数。$\sum_{j=1}^{j}C_j(E_d)$ 为在节能目标 E_d 时的各项节能措施费用之和。寻找 $W_2(E)$的最小值,获得方案决策的最优节能标准 E_d^* 。

$$W_2(E)=\sum_{j=1}^{j}C_j(E_d)+A\times PVB+\sum_{j=1}^{j}C_{j2}(E_d)\times\eta \tag{6-15}$$

(4) 按照最优节能标准 E_d^* 进行节能的优化设计,以墙体的保温形式、热桥处理、通风采光、建筑形体等设计参数为变量，以建造成本最小化为目标函数，实现建筑节能的优化设计。

6.2.1.3 被动式装配复合墙结构全寿命优化设计方案

结合上节所述，通过技术层优化及方案层决策层优化，可得到被动式装配复合墙结构全寿命两层次双目标优化设计模型如下所示：

$$W^*(I^*,E^*)=W_1(I^*)+W_2(E^*)$$

$$\begin{cases} W_1(I)=C_{b1,\min}(I_d)+\sum\limits_{i=1}^{5}P_f(B_i \mid I_d)C_{fi}\times PVB_f \\ W_2(E)=\sum\limits_{j=1}^{j}C_j(E_d)+A\times PVB+\sum\limits_{j=1}^{j}C_{j2}(E_d)\times\eta \end{cases} \tag{6-16}$$

6.2.2 两层次双目标优化设计框架

通过两层次双目标优化设计模型可知，被动式装配复合墙结构全寿命优化设计系统是一个多目标、多层次、多因素的动态系统。其目的在于科学合理地计算工程全寿命周期的费用从而为项目决策提供更好的技术经济依据。模型的关键在于全寿命成本的控制目标，通过对工程全寿命优化设计，可以更好地了解被动式装配复合墙结构全寿命优化设计在节能、抗震方面的经济效益特性，为新型结构体系的社会推广提供科学合理的决策依据。依照全寿命费用原则进行决策分析流程如图 6-1 所示。

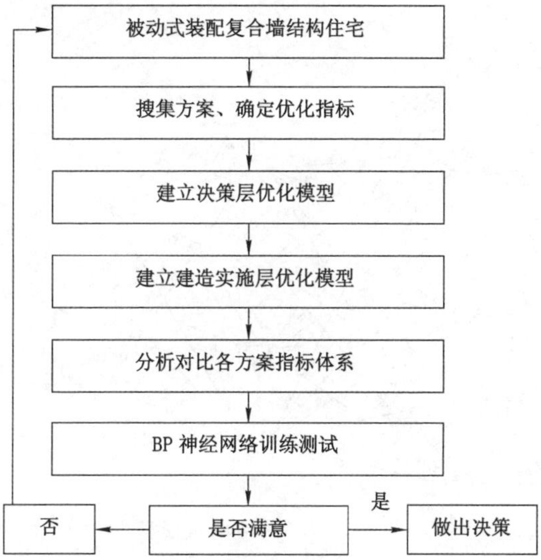

图 6-1 保温承重一体化全寿命优化设计系统

6.3 基于 BP 神经网络的全寿命优化设计模型

神经网络是由很多简单的神经元组成，并按照一定方式以触突相互连接，信号通过触突连接在神经元之间互相传递，通过这些简单的传递以及相互作用，完成感知的复杂功能[73]。人工神经网络不仅具有非线性动力学系统的共性，还能够并行处理、信息并储以及稳健的自学习能力，适合用于决策系统。这一特性与被动式装配复合墙结构全寿命两层次双目标优化设计系统的要求不谋而合。

基于神经网络的建筑全寿命优化设计模型，其基本原理是利用过去积累的同类工程抗震设计、节能设计而产生的成本工料分析及使用过程中平均能耗等特征作为样本，利用神经网络的自学习功能，完成从输入空间（工程特征）到输出空间（最优方案）的映像过程[73]。文中采用BP(Back Propagation)网络模型，以工程特征为参数，利用在役工程数据进行训练验证。

6.3.1 BP 神经网络模型

BP 神经网络[74-75]采用误差反向传播算法——EBP(Error Back-Propagation)，由若干层神经元组成，它们可分为指标输入层、算法隐含层和目标输出层，通过多层误差反馈，修正函数逼近，从而智能拟合目标。输入层接受外部信息，隐含层用来表示和存储知识，输出层输出结果。在 BP 神经网络中，信息传递沿输入层流向输出层，通过函数筛选，单向流动，因此，同层神经元之间没有联系，而层级神经元之间正交联系，联系的程度可以由连接权重 w_{ij} 表示，在网络训练过程中通过调整连接权重 w_{ij} 从而逼近函数目标[73]。在层级神经元中，各层神经元附着各自的作用函数 f 和阈值 a ，如果输入层神经元阈值为 0，那么 $f(x)=x$ ，通常情况下，隐含层与输出层的作用函数为非线性的 Signoid 型函数[73]。两层级 BP 神经网络模型结构如图 6-2 所示。

$$net_{\mathrm{j}}=\sum_{t=1}^{m} w_{ij} x_{\mathrm{t}}$$

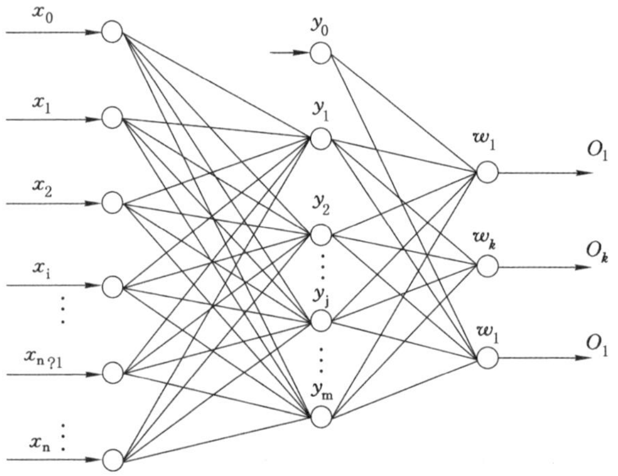

图 6-2 BP 网络向量模型

将专家实际经验数据汇总于专家经验库，以此作为 BP 算法的学习算法，以专家判断的学习准则，来训练函数的记忆模式[75]。在训练过程中，输入与输出的关系可以看作是黑箱操作，但其方向为“模式顺传播”，通过不断地修正专家期望与实际输出之间产生的误差，以误差平方最小为准则，修正输入层与隐含层之间的连接权值和阈值，这个过程也成为“误差逆向传播”，通过多次“模式顺传播”和“误差逆传播”的交替反复训练，网络的全值与阈值不断调整，使得误差信号逐渐变为最小，从而使得网络的实际输出逼近特征指标所对应的期望输出[75]。BP 算法推导过程如下。

(1) 计算隐含单元输入

将神经单元的输入信息(特征指标)首次加权求和,得到隐含单元的输入信息:

$$net_j = \sum_{t=1}^{m} w_{ij} x_t \tag{6-17}$$

式中,w_{ij} 为"i"输入单元到"j"隐含单元的设定权重;x_i 为输入单元的输入信息;m 为所有联结到 j 单元的输入单元数。

(2) 计算隐含单元输入

神经网络单元信号经过黑箱函数操作过程后进行单元期望输出,黑箱函数是多种多样的,可以是线性或非线性函数[73]。BP 算法用的是 Sigmoid 函数:

$$f(x) = \frac{1}{(1 + \mathrm{e}^{-x})} \tag{6-18}$$

$$O_j = \frac{1}{[1 + \exp(-net_j + \theta_j)]} \tag{6-19}$$

式中,O_j 为隐含单元的输出信息;θ_j 为隐含单元的阈值。

(3) 计算输出单元输入

上层输入单元特征信息加权求和即为中间层输出单元向下层单元的输入信息:

$$net_k = \sum_{j=1}^{s} w_{jk} O_j \tag{6-20}$$

式中,w_{jk} 为 j 隐含单元到 k 输出单元的权重;O_j 为隐含单元的输出信息;S 为所有联结到 k 单元的隐含单元数。

(4) 计算输出单元的输出

输出单元的输出为:

$$Y_k = \frac{1}{[1 + \exp(-net_k + \theta_k)]} \tag{6-21}$$

式中,Y_k 为输出单元的输出信息;θ_k 为输出单元阈值。

(5) 调整权重

由神经网络的学习原理可知,神经网络几乎可以近似地实现任意空间的函数映像,如果神经网络的输入单元数为 M,而输出单元数为 N,那么从神经网络的角度,即形成了 m 维欧氏空间 R,其中的任意有界子集 A,都能够得到 N 维欧氏空间 R 中有界子集 $F(A)$的映像,表达为:

$$F: A \subset R^m \rightarrow R^n, Y = F(X) \tag{6-22}$$

如果训练样本以集合形式表示:$A = \{X, Y\}$,通过记忆训练,逼近优化期望的数学映像 G,即 $Y = G(X_i)$ $(i = 1, 2, 3, \cdots, k)$,实践证明 3 层神经网络可以以任意误差范围内找出逼近 $F(G)$ 的数学映像 G。

调整权重和阈值的过程如下:首先设定第 p 个样本中第 k 个神经输出单元的期望输出值为 D_k^p,那么可以得到各个单元输出的误差平方:

$$E_k^p = (D_k^p - Y_k^p)^2$$

对于样本 p 的总误差为:

$$E^p = \sum_{k=1}^{n} E_k^p$$

对于一批 L 个样本的总误差为:

$$E = \sum_{p=1}^{L} E^p = \sum_{P=1}^{L} \sum_{k=1}^{n} E_k^p$$

BP算法通过权重空间沿梯度方向调整，从而使得误差平方越来越小，总误差达到最小。权重的调整量设定为：

$$\Delta W = -\eta \partial E / \partial \Delta w_{jk}^p = \eta \sigma_k^p \times Y_k^p \tag{6-23}$$

式中，η 为学习率；σ_k^p 为训练误差：

$$\sigma_k^p = (D_k^p - Y_k^p) \times Y_k^p \times (1 - Y_k^p)$$

输出权重调整：

$$w_{jk}^{p+1} = w_{jk}^p + \Delta w_{jk}^p + \mu \Delta w_{jk}^{p-1} (\mu \text{ 是小于 1 的正整数})$$

输出单元的阈值调整：

$$\theta_k^{p+1} = \theta_k^p + \eta (\theta_k^p - \theta_k^{p-1})$$

对于隐含单元的误差由输出单元误差的反向推倒得出：

$$\sigma_j^p = O_j^p \times (1 - O_j^p) \times \sum_{k=1}^{l} (O_k^p \times w_{jk}^p) \tag{6-24}$$

隐含层权重调整量为：

$$\Delta w_{jk}^p = \eta \sigma_j^p \times O_j^p$$

隐含层单元的阈值调整值为：

$$w_{jk}^{p+1} = w_{jk}^p + \Delta w_{jk}^p + \mu \Delta w_{jk}^{p-1}$$

其流程框架如图 6-3 所示。

6.3.2 样本特征值选取

被动式装配复合墙结构全寿命优化设计指标参数具有层次性、多样性、模糊性的特点，在神经网络系统中指标体系可以分为以下几个层次：

(1) 目标层：被动式装配复合墙结构全寿命周期费用。

(2) 准则层：两层次双目标设计模型要结合工程特征、地理环境、市场因素、人文政治等因素，它一般代表着装配式复合墙结构工程现阶段的整体水平。

(3) 指标层：指准则层中某个因素的相关其他因素，例如围护保温由墙体保温、屋面保温和门窗保温构成，而墙体保温包括纤维增强 EPS 保温砂浆夹芯保温、XPS 夹芯保温以及发泡水泥外保温等组成，各个指标定义到函数划分为止。

(4) 方案层：通过被动式装配复合墙结构全寿命方案优化与分析，得到相对较佳的误差结果以及相对较为稳定的优化设计系统。

本书选定的工程结构类型为被动式装配复合墙结构的多层民用住宅，根据多层民用住宅工程在抗震设计及节能设计过程中的直接影响因素和对比工程模糊相似关系，同时对收集到的 20 个工程样本进行了记忆训练。

通过大量的文献调查和基础理论分析汇总了有关被动式装配复合墙结构优化的影响指标，通过专家访谈的方式构建了被动式装配复合墙结构住宅优化设计指标体系。通过课题组大量的试验研究及量化分析，定性分析的基础上对住宅评价的各个指标进行了定量描述。本次调查涉及从事装配式复合墙结构研究的各方专家及住区业主，其中包括西安建筑科技大学、中国建筑标准设计研究院等相关专家教授、从事装配式复合墙结构施工的项目经理、施工技术负责人等专家人员。最后确定了影响被动式装配复合墙结构工程抗震及节能的主要因素如图 6-4 所示。

设置权重 w,V 阈值 θ 为最小随机数
置前一样本权重、阈值为 0 w^{p-1}、$V^{p-1}=0$,$\theta^{p-1}=0$
读入样本数据(X、D)
求隐含单元的输出、输出 $net_j=\sum_{t=1}^{N} w_{ij}x_t$ $O_j=\frac{1}{[1+\exp(-net_j+\theta_j)]}$
求输出单元输入、输出 $net_k=\sum_{j=1}^{s} w_{jk}O_j$ $Y_k=\frac{1}{[1+\exp(-net_k+\theta_k)]}$
求输出单元输出误差 $\sigma_k^p=(D_k^p-Y_k^p)\times Y_k^p\times(1-Y_k^p)$
计算隐含单元误差 $\sigma_j^p=O_j^p\times(1-O_j^p)\times\sum_{k=1}^{l}(O_k^p\times w_{jk}^p)$
计算输出层权重调整量 $\Delta V=-\eta\partial E/\partial\Delta w_{jk}^p=\eta\sigma_k^p\times Y_k^p$
计算隐含层权重调整量 $\Delta W=-\eta\partial E/\partial\Delta w_{jk}^p=\eta\sigma_k^p\times Y_k^p$
调整隐含层权重、输出层权重 $V_{jk}^{p+1}=V_{jk}^p+\Delta V_{jk}^p+\mu\Delta V_{jk}^{p-1}$ $w_{jk}^{p+1}=w_{jk}^p+\Delta w_{jk}^p+\mu\Delta w_{jk}^{p-1}$
调整阈值 $\sigma_j^p=O_j^p\times(1-O_j^p)\times\sum_{k=1}^{l}(O_k^p\times w_{jk}^p)$ $\theta_k^{p+1}=\theta_k^p+\eta(\theta_k^p-\theta_k^{p-1})$
样本学习完毕
误差调整量$<\varepsilon$
总误差调整满意
关键权重、阈值存盘

图 6-3 程序流程图

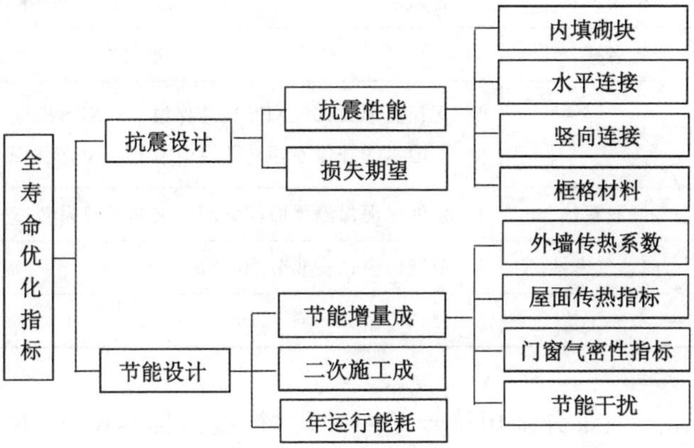

图 6-4 特征指标体系

6.3.3 样本特征值量化处理

以被动式装配复合墙结构在西安地区8度抗震设防烈度、65%建筑节能指标为基数，量化各特征向量，根据优化决策层计算公式(6-15)，对不同抗震设防烈度，不同节能标准的方案进行优化决策。优化决策层特征向量的量化值如表6-4所示。

表6-4 优化决策层特征向量的量化值表

抗震特征向量	名称	量化值			
I	抗震设防烈度	1—7度	2—8度	3—9度	4—10度
I_1	建造成本	1—0.90	2—1.00	3—1.10	4—1.17
I_2	损失期望	1—1.53	2—1.00	3—0.90	4—0.76
I_3	维护成本	1—1.33	2—1.00	3—0.94	4—0.89
I_4	失效增量成本	1—0.98	2—1.00	3—1.13	4—1.28
节能特征向量	名称	量化值			
E	节能标准	1—60%	2—65%	3—70%	4—75%
E_1	节能增量成本	1—0.90	2—1.00	3—1.15	4—1.35
E_2	运行成本	1—1.08	2—1.00	3—0.93	4—0.85
E_3	二次增量成本	1—0.94	2—1.00	3—1.29	4—1.40

根据样本特征指标体系，对方案进行决策优化后，进行技术优化，按照目前试验数据及实际工程整理相应的指标量化值，如表6-5所示。

表6-5 建造实施层特征向量的量化值表

抗震特征向量	名称	量化值
T_1	内填砌体	1—加气块；2—纤维EPS混凝土
T_2	水平连接	1—马牙槎；2—T型槽；3—粗糙面
T_3	竖向连接	1—座浆；2—焊板；3—套筒灌浆
T_4	框格材料	1—普通混凝土；2—纤维再生砖混凝土；3—纤维再生陶粒混凝土
节能特征向量	名称	量化值
R_1	外墙传热	1—无保温形式；2—XPS夹芯保温；3—XPS外保温； 4—发泡水泥外保温；5—纤维增强EPS夹芯保温
R_2	屋面蓄热	1—发泡水泥保温屋面；2—XPS夹芯保温屋面；3—陶粒保温叠合屋面
R_3	门窗气密性	1—节能门窗；2—非节能门窗
R_4	节能干扰	1—强；2—中；3—弱

将神经网络的输入向量分别用符号$T_1 \sim T_4$(抗震指标)，$R_1 \sim R_4$(节能指标)表示，"O"表示网络输出向量，将收集到的20个样本分为两组，随机选取10个样本作为网络训练样本，另10个样本作为网络测试样本。由于BP神经网络输入、输出设定均为[−1,1]

之间，因此，需要对神经网络输入向量进行量化，同层采用 Premnmx 算法进行归一化处理：

$$[Pn, minp, maxp, Tn, mint, maxt] = Premnmx(P, T)$$

式中，P 为原始输入；T 为输出数据；minp 为 P 中的最小值；maxp 为 P 中的最大值；mint 与 maxt 分别为 T 的最小值和最大值。

6.3.4 基于模糊数学的项目样本处理

6.3.4.1 样本选取

BP 神经网络以专家经验库为准则，判定原始数据与期望输出之间的运行规律，为了能够更加准确地进行被动式装配复合墙结构全寿命优化设计，样本数据应尽可能准确[73]。训练样本既要具有通用性也要具有典型性，尽可能地对判定目标进行详尽的描述。通常采用模糊数学的方法进行原始数据的筛选，本书选取隶属函数的方法是归一化方法。各个工程的各个指标取值不同，但通过归一化处理，可以将不同指标的描述方式统一转化为[0,1]表达，从而符合 BP 神经网络隶属函数的输入方法[73]。因此，在本书中将进行归一化后的数据作为工程对各个工程特征的隶属度。

由于样本工程是用工程特征来表达的，而工程特性的描述具有模糊性，工程项目之间的相似性可由"贴近度"来度量[73]。本书采用"格贴近度"方法，求出拟建工程与已建样本工程的贴近度，并且根据贴近度从大到小排序。因此可默认为拟建工程与贴近度最大的已建样本工程最相似。

工程特征的隶属度值可以通过隶属函数的选取规则计算得到，然后利用隶属度值计算出各个样本数据与拟建工程的贴近度，将贴近度≥0.6 的样本工程数据，视为与拟建工程具有相似关系，可作为建立 BP 神经网络模型的训练样本。

6.3.4.2 样本数据处理

首先将收集到的 20 组数据，取 10 组作为训练样本，10 组为测试样本。经过量化后，如表 6-6、表 6-7 所示。

表 6-6 原始训练样本数据库

类别		输入向量								输出向量
序号		T_1	T_2	T_3	T_4	R_1	R_2	R_3	R_4	O/(元/m^2)
训练样本	1	1.000	1.000	1.000	1.000	1.000	1.000	1.000	1.000	3 570.15
	2	1.000	1.000	2.000	2.000	1.000	2.000	1.000	1.000	3 592.11
	3	1.000	2.000	2.000	3.000	2.000	3.000	2.000	2.000	2 627.21
	4	1.000	3.000	1.000	1.000	2.000	1.000	1.000	1.000	3 592.72
	5	1.000	3.000	3.000	2.000	3.000	2.000	2.000	2.000	3 600.10
	6	2.000	1.000	1.000	1.000	3.000	3.000	2.000	2.000	2 617.20
	7	2.000	1.000	2.000	1.000	4.000	1.000	2.000	3.000	2 615.31
	8	2.000	2.000	2.000	2.000	4.000	2.000	1.000	1.000	2 598.44
	9	2.000	1.000	3.000	2.000	5.000	3.000	2.000	2.000	3 563.08
	10	2.000	3.000	3.000	3.000	5.000	1.000	1.000	3.000	3 572.60

表 6-6(续)

类别序号	输入向量								输出向量
	T_1	T_2	T_3	T_4	R_1	R_2	R_3	R_4	O/(元/m^2)
最小值	2.000	2.000	2.000	2.000	4.000	2.000	1.000	1.000	2 598.44
最大值	1.000	3.000	1.000	1.000	2.000	1.000	1.000	1.000	3 592.72

表 6-7　原始数据测试样本库

类别序号		输入向量								输出向量
		T_1	T_2	T_3	T_4	R_1	R_2	R_3	R_4	O/(元/m^2)
测试样本	1	1.000	2.000	3.000	1.000	1.000	1.000	1.000	1.000	2 629.53
	2	1.000	2.000	3.000	2.000	3.000	2.000	1.000	2.000	2 614.59
	3	2.000	2.000	2.000	2.000	2.000	2.000	1.000	2.000	2 597.04
	4	1.000	1.000	1.000	1.000	4.000	1.000	2.000	1.000	3 550.27
	5	1.000	1.000	3.000	2.000	5.000	2.000	1.000	2.000	3 567.91
	6	2.000	2.000	3.000	3.000	4.000	3.000	1.000	3.000	2 605.42
	7	2.000	1.000	3.000	3.000	1.000	3.000	2.000	3.000	3 578.23
	8	1.000	1.000	2.000	2.000	2.000	2.000	2.000	2.000	3 543.15
	9	1.000	2.000	3.000	1.000	1.000	1.000	1.000	1.000	2 600.01
	10	2.000	1.000	2.000	3.000	3.000	3.000	1.000	3.000	3 563.20

首先将数据进行一次累加,即 $x^{(1)}(k)=\sum_{i-1}^{k}x^{(0)}(i)$;$k=1,2,\cdots,n$,可得表 6-8。

表 6-8　经过一次累加的训练样本值

类别序号		输入向量								输出向量
		T_1	T_2	T_3	T_4	R_1	R_2	R_3	R_4	O/(元/m^2)
训练样本	1	1.000	1.000	1.000	1.000	1.000	1.000	1.000	1.000	3 570.15
	2	2.000	2.000	3.000	3.000	2.000	3.000	2.000	2.000	7 162.26
	3	4.000	4.000	5.000	6.000	4.000	6.000	4.000	4.000	9 789.47
	4	5.000	7.000	1.000	7.000	4.000	7.000	5.000	5.000	13 382.19
	5	7.000	10.000	8.000	9.000	7.000	9.000	7.000	7.000	16 982.29
	6	9.000	11.000	9.000	10.000	10.000	12.000	9.000	9.000	19 653.49
	7	10.000	12.000	11.000	11.000	14.000	13.000	11.000	12.000	22 268.80
	8	11.000	14.000	13.000	13.000	18.000	15.000	12.000	13.000	24 867.24
	9	13.000	15.000	16.000	15.000	28.000	18.000	14.000	15.000	28 430.32
	10	15.000	18.000	19.000	18.000	33.000	19.000	15.000	18.000	32 002.92
最小值		1.000	1.000	1.000	1.000	1.000	1.000	1.000	1.000	3 570.15
最大值		15.000	18.000	19.000	18.000	33.000	19.000	15.000	18.000	32 002.92

再将其归一化处理，即 $x_{ij}'=\dfrac{x_{ij}-x_{j\min}}{x_{j\max}-x_{j\min}}$。经过归一化后数据如表 6-9。

表 6-9　经过归一化处理后的训练样本

类别序号	输入向量								输出向量
	T_1	T_2	T_3	T_4	R_1	R_2	R_3	R_4	O/(元/m²)
1	0.0000	0.0000	0.0000	0.0000	0.0000	0.0000	0.0000	0.0000	0.0000
2	0.034 5	0.035 7	0.043 5	0.069 7	0.090 9	0.048 5	0.037 0	0.051 1	0.105 7
3	0.069 0	0.107 1	0.108 7	0.093 0	0.136 3	0.113 2	0.111 1	0.104 0	0.147 8
4	0.172 4	0.142 9	0.173 9	0.116 2	0.159 0	0.167 1	0.148 1	0.158 1	0.205 4
5	0.241 4	0.178 8	0.239 1	0.162 7	0.227 2	0.221 0	0.222 2	0.210 6	0.263 1
6	0.275 9	0.250 0	0.304 3	0.209 3	0.272 7	0.274 9	0.296 2	0.262 9	0.306 0
7	0.310 3	0.321 4	0.369 6	0.255 8	0.318 1	0.326 1	0.370 3	0.315 9	0.347 9
8	0.344 9	0.392 9	0.434 8	0.279 0	0.431 8	0.374 6	0.407 4	0.370 0	0.389 6
9	0.379 3	0.428 6	0.456 5	0.372 0	0.522 7	0.417 7	0.481 4	0.421 1	0.446 7
10	0.413 8	0.464 3	0.500 0	0.441 8	0.545 4	0.471 6	0.518 5	0.472 2	0.504 0

同理，将测试样本数据经过一次累加和归一化处理后得到表 6-10。

表 6-10　经过归一化处理后的测试样本

类别	序号	输入向量								输出向量
		T_1	T_2	T_3	T_4	R_1	R_2	R_3	R_4	O/(元/m²)
测试样本	1	0.000 0	0.000 0	0.000 0	0.000 0	0.000 0	0.000 0	0.000 0	0.000 0	0.000 0
	2	0.066 7	0.153 8	0.136 3	0.076 9	0.136 3	0.132 4	0.083 3	0.110 4	0.092 6
	3	0.266 7	0.307 6	0.227 2	0.153 8	0.227 2	0.139 8	0.166 7	0.224 7	0.184 6
	4	0.333 3	0.384 6	0.272 7	0.307 6	0.409 0	0.258 2	0.333 3	0.339 8	0.310 4
	5	0.400 00	0.461 5	0.409 9	0.461 5	0.500 0	0.377 4	0.416 7	0.447 4	0.436 9
	6	0.533 3	0.615 3	0.545 4	0.576 9	0.681 8	0.516 5	0.500 0	0.558 8	0.529 2
	7	0.733 3	0.692 3	0.681 8	0.692 3	0.727 2	0.642 3	0.666 7	0.669 7	0.656 9
	8	0.800 0	0.769 2	0.772 7	0.846 6	0.818 1	0.748 3	0.833 3	0.777 4	0.781 5
	9	0.866 7	0.923 0	0.909 9	0.884 6	0.863 6	0.880 7	0.916 7	0.889 5	0.873 7
	10	1.000 0	1.000 0	1.000 0	1.000 0	1.000 0	1.000 0	1.000 0	1.000 0	1.000 0

6.3.5　BP 神经网络模糊识别

在被动式装配复合墙结构工程中，由于地理位置差异，不同城市的地质、水文条件以及周围环境等也都不同，因此，不同工程的规模、形式等都不相同。

6.3.5.1　网络拓扑结构的确定

理论上 BP 神经网络隐含层的节点设置如果足够多且详尽，那么就可以在任意精度上逼近区域函数[75]。但如果节点或层级过多，会造成训练时间过长，本书建立的被动式装配复合墙结构工程全寿命优化设计模型设置单层隐含层。

(1) 输入层的确定。根据文章前面介绍,对影响被动式装配复合墙结构工程全寿命费用的特征因素的分析,确定被动式装配复合墙结构工程全寿命优化设计模型输入层的神经元共有 8 个,分别是内填砌体、竖向连接、水平连接、框格材料、围护墙体、屋面保温、门窗气密性以及节能干扰。

(2) 隐含层的确定。隐含层神经元[74]是由样本工程中提取并存储样本特征的规律,每个隐含层神经元具有若干个权值,每个权值都可以视为增强网络映射能力的参数。隐含层神经元的数量设置如果相对较少,那么神经网络从样本中获取的特征信息能力就相对较差,不足以概括和体现训练样本中内在的规律;隐含层神经元的数量过多,又可能学会记忆样本中非规律性的内容,降低网络的泛化能力[75]。因此,隐含层神经元的数量取决于样本噪声的大小、训练样本的个数以及样本中内在规律的复杂程度[74]。通常假定隐含层神经元的个数为较小的初始值 3,并逐级增多,对网络进行训练,然后用同一样本集进行训练并逐渐增加隐含层神经元的个数,通过对各组训练结果的比较,找出使网络估算误差最小的隐含层神经元个数[74]。

(3) 输出层的确定。被动式装配复合墙结构工程全寿命优化 BP 神经网络估算模型的目的是估算每个工程的全寿命费用,因此其输出层的神经元只有一个,即单位建筑面积工程全寿命费用折现值。

6.3.5.2 激活函数的确定

在本书被动式装配复合墙结构工程全寿命优化 BP 神经网络估算模型中,以 sigmoid 型对数函数 logsig 作为中间层神经元的传递函数,以 purelin 型函数作为输出神经元的传递函数。

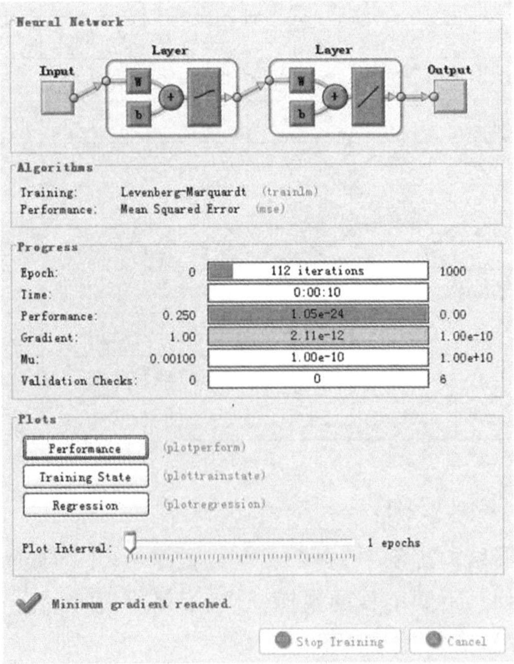

图 6-5 函数激活

6.3.5.3 样本的规范化处理

为了对样本数据进行统一化处理，并使估算的结果更加合理，在将实际工程数据作为样本对神经网络进行训练之前，对样本数据进行预处理，使用于训练的数据更加趋近实际数据。样本数据经过预处理之后才能够用输入模型，并发挥模型的真实性能。

确定被动式装配复合墙结构工程全寿命优化设计的主要影响工程特征指标，以此作为BP神经网络的输入向量。由于各个向量代表着不同的物理量，因此，它们的取值类型和范围都不相同，一般用文字描述或数值来表示。特征变量的表达形式不尽相同，归纳起来包括定量描述与定性描述两种，如果将定性指标量化，数量值之间也会相差过大，使得大的变量值的波动垄断了神经网络的学习过程，而较小的变量值的变化不能得到反映，从而影响到估算结果的精度，采用归一法将其归一到[0,1]之间，使得网络所有权值都在一个相对较小的范围之内，来减轻网络训练时的难度。这样，预处理后的数据可以比神经网络更容易训练和学习[75]。根据不同的变量，分别采用以下两种预处理方法：

(1) 数值量化归一，其作用将定量定性的指标值归纳其统计分布性，而形象表示为统计的概率分布[0,1]。归一化是同一、统一的核心思想，通过基本度量单位的统一，更有利于模型的运行处理，因此也可以说BP神经网络是以样本在事件中的统计分布概率来进行训练(概率计算)和预测的，归一化就是在[0,1]之间的试件统计概率分布，处理过后数据具有相对统一的表达方式，能够将定量与定性语言描述的工程特征对工程全寿命费用的影响进行全面统一的反映[75]。

(2) 文字表述变量。本书采用不同的自然数对其进行表示，但这些数值并没有实际的意义，数值越大不代表费用就越高，这些数值只是代替文字对样本特征的一种表示形式，量化后还要对这些量化的数据进行归一化处理。

6.3.5.4 BP网络的训练与测试

BP网络训练次数决定着网络模型的精度，模型的精度决定了BP神经网络对训练样本的拟合程度。本书选择的训练函数为trainlm，训练目标为0.001，最大训练次数为1000次。通过预测值与实际值进行比较得到对比曲线，如表6-11和图6-6所示。

表6-11 预测值与实际值比较

元/m²	1	2	3	4	5	6	7	8	9	10	误差平方和
实际值	2 629	2 614	2 597	3 550	3 567	2 605	3 578	3 543	2 600	3 563	0.050 12
预测值	2 604	2 608	2 635	3 576	3 526	2 597	3 577	3 539	2 627	3 587	

由结果分析可得，本书所研究的以全寿命建筑成本为目标进行的结构优化设计是在项目可行性研究阶段进行的，因此，模型测试误差满足投资决策阶段的精度要求(小于10%)。

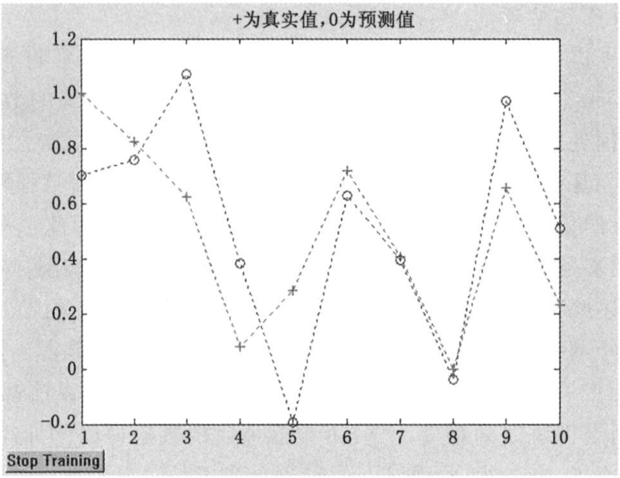

图 6-6　模型测试值与实际值对比

6.4　案 例 分 析

6.4.1　项目概况

西安某被动式装配复合墙结构工程，一层平面建筑面积 106.92 m^2，两卧两厅一厨一卫，南北两个出口，南北采光良好，自然通风，厨卫管线集中，楼梯下设置室内储藏间，满足前厅后院的生活生产需求；二层平面建筑面积 79.20 m^2，设计三个卧室，采光通风良好，一个会客厅以及一个卫生间，另设置露天平台 24.6 m^2，农宅整体为徽派建筑风格。平面示意图参考图 6-7。

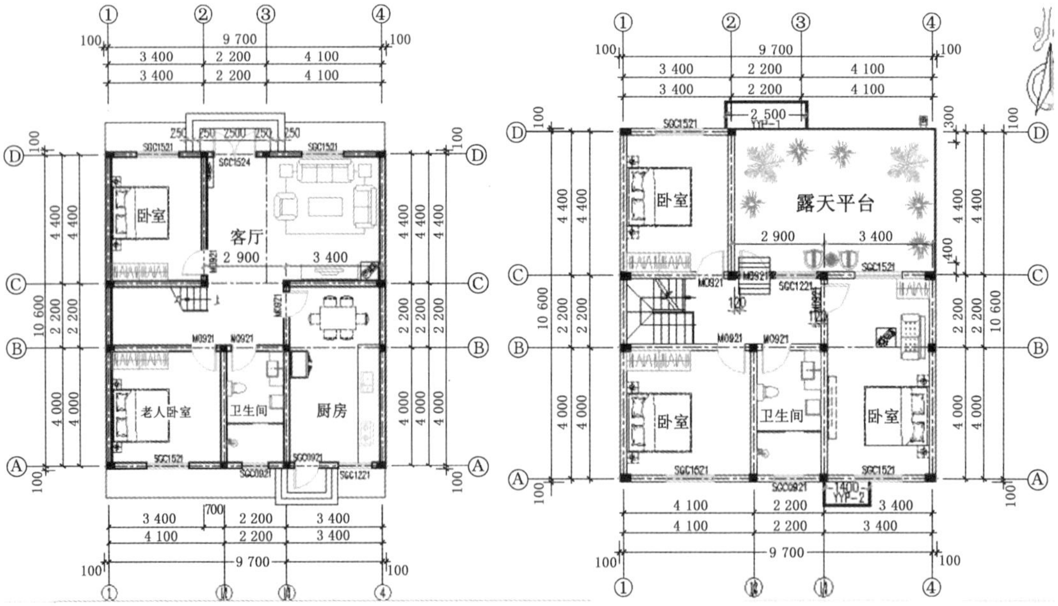

图 6-7　平面示意图

6.4.2 方案优化决策

西安为 8 度区，因此为符合国家规范，7 度区为参考设计比较，将检测样本输入已建立好的 BP 神经网络全寿命评价模型中，得到如下测评结果，如表 6-12 所示。

表 6-12 决策层优化结果

测评结果(元/m^2)	7 度	8 度	9 度	10 度
60%	5 599.2	5 309.8	5 392.2	5 529.0
65%	5 458.1	5 210.9	5 388.1	5 483.9
70%	5 410.2	5 003.8	5 247.3	5 410.0
75%	5 337.7	5 109.4	5 211.5	5 333.7

$$\eta=\frac{W_{\max}-W_{\min}}{W_{\max}}=\frac{5\ 529.0-5\ 003.8}{5\ 529.0}=9.52\%$$

由计算可得，被动式装配复合墙结构示范工程基于最优决策(I_d^*，E_d^*)为(8 度，70%)，比最大全寿命费用节约 9.52%。

6.4.3 建造实施决策

住宅建筑主体结构为被动式装配复合墙结构体系，基于决策优化分析，最优抗震设防烈度 I_d^* 为 8 度，最优节能标准 E_d^* 为 70%。其围护结构采用纤维增强 EPS 夹芯保温复合墙板，作为主要受力构件的装配式复合墙板全部采用工厂预制，其余部分包括隐形框架在墙板制作并安装完后采取整体浇筑，水平连接形式为马牙槎连接，竖向连接形式为焊板连接，填充砌体为纤维再生 EPS 混凝土，框格材料为普通混凝土。

通过太阳能集热器将太阳能转化为热能，可供普通民用住房全年厨房、卫生间等多处的热水需求。同时，通过地源热泵提供采暖季供暖热源，地板低温辐射采暖方式，既节约能源，又降低造价，室外配套庭院布置以及装配式围墙，大大加快了施工速度，极大地节约了围墙施工及院落施工的人工费用。采用全装配被动式设计，复合墙板、叠合楼板、飘窗板、楼梯等均在矩阵住工基地预制完成，施工速度快，计划工期 20 天。

被动式装配复合墙结构体系中，对各围护结构的传热系数、热惰性指标及其保温材料表观密度、厚度及其燃烧性能进行设计说明如表 6-13、表 6-14 所示。

表 6-13 围护结构传热系数及保温材料性能

围护结构	传热系数、保温材料表观密度、厚度燃烧性能
屋面	$K=0.44$ W/(m^2·K)； XPS 挤塑聚苯板；70 mm 厚；≥35 kg/m^3；B2 级
夹芯保温复合外墙	$K=0.81$ W/(m^2·K)； EPS 挤塑聚苯板；50 mm 厚；80～200 kg/m^3；A 级
凸(飘)窗不透明部分	$K=1.07$ W/(m^2·K)； EPS 模塑聚苯板；30 mm 厚；20 kg/m^3；B1 级

表 6-13(续)

围护结构	传热系数、保温材料表观密度、厚度燃烧性能
架空或外挑楼板	K=0.68 W/(m^2·K); (EPS 板粘贴+辅助锚固系统(干式地暖);30 mm 厚;(30~40 kg/m^3;B1 级)+(水泥砂浆;20 mm 厚;1 800 kg/m^3;)
不采暖空间上部楼板	K=0.63 W/(m^2·K); (EPS 模塑聚苯板;30 mm 厚;20 kg/m^3;B1 级)+(岩棉板;30 mm 厚;80~200 kg/m^3;)
分隔采暖与非采暖空间的隔墙	K=1.4 W/(m^2·K); (聚苯颗粒保温浆料;25 mm 厚;180~250 kg/m^3;B1 级)+(聚苯颗粒保温浆料;0 厚;180~250 kg/m^3;B1 级)
分隔采暖与非采暖空间的户门	K=1.7 W/(m^2·K)
阳台门下部门芯板	K=1.7 W/(m^2·K)
周边地面	R=1(m^3·K)/W

表 6-14　节能设计

<table>
<tr><td rowspan="6">外窗</td><td>朝向</td><td>东向</td><td>南向</td><td>西向</td><td colspan="2">北向</td></tr>
<tr><td>窗墙比</td><td>0.3</td><td>0.35</td><td>0.35</td><td colspan="2">0.35</td></tr>
<tr><td>玻璃名称</td><td>中空玻璃(9 mm)</td><td>中空玻璃</td><td>中空玻璃</td><td colspan="2">中空玻璃</td></tr>
<tr><td>窗框材料</td><td>断热桥铝合金</td><td>断热桥铝合金</td><td>断热桥铝合金</td><td colspan="2">断热桥铝合金</td></tr>
<tr><td>综合遮阳系数</td><td>0.67</td><td>0.60</td><td>0.66</td><td colspan="2">0.71</td></tr>
<tr><td>传热系数</td><td>3.1 W/(m^2·K)</td><td>3.1 W/(m^2·K)</td><td>3.1 W/(m^2·K)</td><td colspan="2">3.1 W/(m^2·K)</td></tr>
<tr><td colspan="2">建筑耗热量</td><td>11.47 W/m^2</td><td colspan="2">建筑耗热量指标限值</td><td colspan="2">13.6 W/m^2</td></tr>
<tr><td colspan="2">“禁实”审查</td><td>新型墙体材料名称</td><td colspan="4">保温承重一体化新型复合墙板</td></tr>
<tr><td colspan="3">热源方式、燃料种类、室内系统</td><td colspan="4">节能光源、一般照明</td></tr>
<tr><td colspan="3">室温控制方式</td><td colspan="4">恒温阀</td></tr>
<tr><td colspan="3">采暖方式</td><td colspan="4">水地暖</td></tr>
<tr><td colspan="3">照明</td><td colspan="4">节能光源、一般照明方式、声光控</td></tr>
<tr><td rowspan="2">节水设施</td><td colspan="2">中水、雨水利用设施</td><td>有 450 m^3 的雨水蓄水池</td><td rowspan="2">热水利用</td><td>供应方式</td><td>分散式</td></tr>
<tr><td colspan="2">节水设备、器具利用</td><td>采用变频给水设备、节水洁具</td><td>用能类型</td><td>太阳能</td></tr>
</table>

通过模型计算结果分析,经优化设计后的被动式装配复合墙结构住宅的综合评价效果较好,接近优秀等级住宅水平,被动式装配复合墙住宅满足了用户的基本功能需求,切实提高居民住宅的舒适度。与传统结构形式相比,钢结构住宅虽综合效益较高,但是其造价偏高,耐火性防腐性能要求较高,后期维护难度大、费用高,较为适合大开间的住宅建筑形式,或者与其他的住宅结构形式配合使用;框架结构住宅会表现室内棱角突出的特点,不适宜室

内结构的美观，适宜建造商业形式的建筑或者与其他结构形式配合使用，其围护结构没有体现可持续发展的要求，没有使用可再生建筑材料；被动式装配复合墙结构住宅相比其他的建筑结构形式有效减少了能源负荷，增强了结构抗震，减少了全寿命成本，综合评价接近优等住宅水平。

6.5 本章小结

本章基于结构抗震及热工性能分析结果，提出适用于被动式装配复合墙结构住宅的全寿命周期优化设计方法，引入抗震与节能并重的设计目标，建立决策优化与结构优化两层次、节能与抗震双目标的建筑优化设计模型，通过 BP 神经网络对模型进行优化逼近，结合实际工程项目进行被动式细部优化设计以及全寿命费用分析。为被动式装配复合墙结构住宅的社会推广及投资决策提供依据。研究结果表明：

(1) 基于建筑全寿命的被动式装配复合墙结构两层次双目标优化设计模型，能够为结构的投资决策提供有力的依据，并通过优化设计提出单位建筑面积全寿命费用最优实施方案。

(2) 被动式装配复合墙结构在全寿命周期的技术集成及应用，有效地提高了构件预制率及施工装配化率，避免建筑保温施工质量通病，可实现建筑保温与结构设计同寿命。

(3) 结合实例分析可知，其全寿命周期费用较装配式复合墙结构节约 9.52%，较传统结构形式节约费用 15%以上。被动式装配复合墙结构体系评价水平远高于传统住宅形式，接近优等住宅水平。

7 装配式建筑成本链精细化管理研究

本章以装配式建筑成本管理为出发点，立足房地产企业，引入成本链管理和精细化管理的方法，建立装配式建筑成本链精细化管理模型，提供了一种系统、动态、关联的成本管理思路，弥补以往成本管理的不足，为房地产企业开发装配式建筑项目的成本管理提供新视角。通过应用装配式建筑成本链精细化管理模型，使房地产企业明确项目各阶段成本管理的重点，有助于提升我国房地产企业的成本管理水平，促进对装配式建筑项目上下游合作企业的沟通协作、优势互补，降低了装配式建筑项目开发全过程成本，促进装配式建筑在房地产企业项目开发中的推广应用，具有一定的实践意义。

7.1 装配式建筑成本构成及责任主体界定

7.1.1 装配式建筑成本构成

装配式建筑的成本构成与传统建造方式既有区别又有联系。装配式建筑的成本相比传统现浇式的差异主要集中在预制构件的设计、生产、运输及安装阶段[43]，如表 7-1 所示。

表 7-1 传统建筑与装配式建筑成本比较

建造过程	传统建筑	装配式建筑	成本差异
设计阶段	照图施工、工艺策划	在建筑总图基础上进行模块拆分设计	深化设计，费用更高
生产阶段	无	工艺策划、生产制作、预装修等	预制构件生产成本、材料成本、制造费用
物流阶段	无	预制化构件从工厂运输到施工工地，需考虑运输成本	物流运输成本
施工阶段	现场浇筑、装修	大型预制构件的吊装、装配等	吊装机械、人工成本

装配式建筑在设计阶段应充分考虑生产的复杂性和工艺的可行性，在设计精度、深度上均有较高要求，因此相比传统现浇建筑增加两个环节：技术策划和构件加工设计，使得设计成本有所增加。在构件生产阶段，预制构件工艺策划、生产制作还未实现标准化、规模化、流程化，导致其生产成本、材料成本、制造费用较高。在运输阶段，构件从工厂到施工现场，运距长、体积大、易损伤等因素导致其运输成本偏高。在构件安装阶段，装配式建筑预制构件的集成度及预埋量均高于传统建筑，其竖向构件的连接、构件间的接缝拼接，若在安装过程中存在问题，会在后期维护阶段发生结构安全隐患，所以这些关键节点的安装对施工人员的技术水平、塔吊选型等有较高要求，间接增加了施工成本[44]。

7.1.2 装配式建筑参与主体责任界定

装配式建筑与传统建筑相比，参与主体和流程环节均有所增加，因此在大量阅读文献的基础上，本书对参与主体的责任界定如下：

（1）房地产企业

以营利为目的，进行土地开发、建设经营的企业，本书所指的房地产企业是指大型房地产企业，具备装配式建筑项目开发和投资的实力，具备良好的与政府、合作单位沟通协调能力，能对装配式建筑项目进行精确定位，可负责对项目全过程进行统筹管理，可承担装配式建筑项目开发的增量成本，并能承担一定的项目风险。

（2）设计单位

设计单位是根据房地产企业对装配式建筑项目的定位，遵循国家和地区的设计规范标准，完成技术、政策等条件的综合分析，最终形成设计图纸，供房地产企业参考和使用。设计单位对项目进行整体设计，设计完成后，要配合房地产企业完成对构件供应商、运输公司及施工承包商的指导沟通，过程中对设计变更及时做出处理和反馈，以保证设计成果在后续工作中顺利实现。

（3）构件供应商

构件供应商是根据设计方案生产预制构件的企业，其责任是保质保量按时完成构件生产。构件供应商可在设计环节提前介入，配合协助设计单位进行构件深化设计，从生产可行性角度提出改进建议；及时根据生产进度和现场需求，安排构件运输进场工作，保证构件及时供给；与施工承包商进行施工技术交底，提供安装指导，以保证施工顺利进行。

（4）运输公司

运输公司的主要责任是将预制构件按时安全送达施工现场。装配式建筑涉及较多大型预制构件运输工作，因此对运输公司的运输设备和能力有较高要求，需专业的物流运输公司负责。运输公司应提前与构件供应商沟通生产情况，合理调度车辆及车次；应与施工单位沟通施工进度、构件进场时间、堆放位置要求等，确保运输满足现场施工需求，构件到场后整齐堆放。

（5）施工承包商

施工承包商主要任务是进行构件现场安装，对项目施工阶段的成本、进度、质量负责。为保证施工阶段顺利进行，施工承包商应在设计环节参与设计规划，保证施工的可操作性；构件安装阶段应提前制订物资需求计划，与构件供应商和运输公司沟通生产进度及构件到场时间，确保构件及时供给、合理堆放。

（6）销售代理商

销售代理商是为房地产企业开发的装配式建筑项目提供策划宣传和销售服务的公司，本身不直接参与项目运作，但为项目正常运作提供支持与保障。销售代理商应以目标市场及消费主力群体为核心，针对顾客敏感点对项目提出建议，并根据项目实际制定营销宣传策略。

（7）物业管理企业

物业管理企业是为后期业主和非业主提供良好的环境，提供维护、维修、清洁等服务的企业。

综上，装配式建筑项目相比传统项目参与企业增加，将不同阶段的不同参与主体联系起来，是装配式建筑成本管理的关键[44]。学者肖帅[40]通过社会网络模型分析发现：在装配式建筑项目建设的全过程中，房地产企业占据了社会网络模型的中心位置，应以房地产企业为核心主导对装配式建筑项目进行管理。费丹[35]在装配式建筑项目成本控制研究中也表明，房地产企业在供应链链条中处于主导地位，因此，本书确定以房地产企业为主导，进行装配式建筑项目的成本管理。

7.2 装配式建筑成本链的内涵及结构

将装配式建筑成本链定义为：在装配式建筑项目中，为实现项目成本管理目标，统筹成本形成的全过程，将全过程各阶段有关联的工作有效连接起来，形成的成本管理链状结构。装配式建筑成本链的内涵和结构如下：

一是强调成本管理的整体性：从企业整体战略布局出发，以促进战略转型、提升企业成本管理方面的竞争优势为目的，避免忽略各阶段成本间的互相影响，体现了实现项目全过程成本最低的目标；二是注重企业间关联性：成本链管理将房地产企业成本管理的范围由内部延伸到外部，成本管理包含对成本链的各阶段参与主体的协调管理，强调对整个成本链上下游参与企业间的关联性管理。

从结构上看，装配式建筑成本链是具有层次性的链式结构，成本链的层次性指其成本形成过程可逐层分解至单个阶段的具体环节。此外，成本链并不是单独的链条，而是有内外之分，进一步可分为外部纵向成本链和内部横向成本链[44]。外部纵向成本链是由上下游参与主体构成，房地产企业可深入分析上下游企业间的关联性，确定各阶段间的关联工作，明确各阶段的成本管理重点工作。内部横向成本链是房地产企业根据外部纵向成本链而确定的企业内部所需的基础活动和辅助活动，基础活动目的主要是促进纵向成本链管理顺利进行——实现全流程成本最低，辅助活动目的主要是实现基础活动的增值——为全流程成本持续降低作贡献。

7.2.1 装配式建筑成本链管理的要素

(1) 目标性管理，促进企业间战略合作

成本链管理目的是围绕成本管理目标，促进链上各参与主体的相互合作、共同发展[4]。因此，装配式建筑成本链管理是以实现项目成本管理和战略合作为目标，企业间通过签订合同形成战略合作关系，最终共同实现成本链整体目标的过程。通过迈克尔·波特理论表明，只有当整条产业链达到成本最小化时，链上参与主体达到成本最小化的目标才能得到保障[48]。任何参与主体的目标都是使企业成本最小化，而处在同一条成本链上不同主体的成本最小化，应建立在整条成本链达到成本最小化的基础上。因此，在成本链管理下，房地产企业作为装配式建筑成本链的主导，需将成本管理的范围从房地产企业的内部扩大到外部，将项目每个参与主体的目标和项目整体的目标协调统一，以期达到成本链的全过程成本最低的目标。

(2) 关联性管理，有助于形成产业链

成本链的参与主体是相互作用、相互辅助的，进而实现不同主体价值的最大化，即成本链管理的链式作用[4]。装配式建筑项目全流程可划分为前期策划、规划设计、构件生产、构件运输、施工装配、运营维护六个阶段，各阶段参与主体相互影响、相互联系、相互制约，因此房地产企业应对装配式建筑各阶段参与主体进行关联性分析，通过分析结果有针对性地提出管理办法，提升各主体间的关联性。随着装配式建筑参与主体间的关联性提升，产业链将逐步形成，装配式建筑才能真正实现低成本[35]。

(3) 动态性管理，提升企业间响应速度

成本链的动态性是指随着项目各阶段成本管理不断推进，相应参与主体的管理动作应不断调整以应对新的变化。提升装配式建筑成本链管理的水平，必须充分发挥成本链管理的动态效应，将各阶段工作成果实时更新反馈，并及时做出调整措施，防止成本管理问题累积放大。在成本链管理的模式下，参与主体能够及时收到来自其他参与主体的动态需求，然后根据这些需求迅速做出改变，如调整自身的生产、运输或装配计划。房地产企业利用成本链管理模式进行成本管理，缩短了上下游企业从接收需求到做出改变的周期，极大地提高了装配式建筑参与企业间的响应速度。

7.2.2 成本链精细化管理的含义及应用

本书将成本链精细化管理定义为：将精细化管理手段运用到成本链管理的工作中，通过建立信息化系统，规范标准化要求，加强过程化管控，帮助提升成本链上下游企业及房地产企业内部协作水平，促进成本链管理的良性运作。成本链精细化管理同样强调成本管理的目标性、关联性、动态性，方法是运用精细化管理的信息化、标准化、过程化手段，增强成本链管理的关联性，加强过程管理，及时发现各参与主体的变化，预测该变化可能带来的关联性影响，采取最佳改进措施，使该变化带来的成本增加降至最低。

房地产企业发展历经 4 个阶段：粗放化管理、规范化管理、标准化管理、精细化管理。目前国内大部分房地产企业处于标准化管理阶段，少数大型标杆房地产企业开始进行精细化管理，代表企业有万科、中海等，它们通过精细化管理实现了规模扩大和成本降低[57]，这些代表企业精细化管理的特点是注重成本变更管理[59]。因此，本书在房地产企业管理现状的基础上，提出将精细化管理应用于装配式建筑成本链管理中，具体应用如下：

信息化手段方面——建立信息化平台，实现设计、生产、运输、装配、维护等各阶段信息全覆盖，并将信息集成后指导各阶段成本管理。与传统建筑相比，装配式建筑项目参与主体增加，传统的沟通协调方式已经不能满足现阶段装配式建筑的发展[40]，因此需要建立信息化平台。房地产企业负责信息化平台的建立，平台建立后引导和鼓励成本链上下游企业通过平台进行沟通。基于信息化平台的全过程信息共享，使不同主体间信息交互影响，各主体各专业之间沟通加强，降低了交易成本。

标准化手段方面，将每项具体工作标准化，具体包括制定标准、实施标准、优化标准。标准化是装配式建筑发展的基础，标准化可实现不同构造建筑的预制构件通用。到目前为止，我国的建筑标准体系不完善，不同公司没有遵循统一的标准，使得模数协调程度低，不利于规模生产，导致成本较高。因此，需要先建立统一的设计标准，降低楼板、屋顶、墙、梁、柱、楼梯等部位的构件种类，同时设计标准应做到便于生产、安装，可推广应用至其他装配式建筑项目[60]。设计标准建立后，相应的生产和安装也可快速实现标准化，最终建立模数协调、规模化生产、标准化安装的装配式建筑产业链体系。产业链体系形成后，可根据项目实际应用情况，不断调整优化设计标准。

过程化手段方面，将成本目标落实到每项具体工作的过程中，具体包括过程的合规性、监督的严格性、变更的及时性。过程化手段在成本链管理中的应用是将目标成本转化为具体管理工作，不断进行目标执行过程中的 PDCA 循环。房地产企业应用过程化手段，优化成本变更流程，保证变更的及时性和准确性，提前采取措施规避变更导致成本增加的风险。优化成本变更流程，使成本链管理过程中的成本变更流程化，房地产企业主动控制成本变更，改变了以往被动承认成本变更损失的状况。

7.3 装配式建筑成本链精细化管理模型

7.3.1 装配式建筑外部纵向成本链精细化管理分析

从房地产企业成本管理过程中相对重要且成本关联因素多的阶段入手，选取规划设计、构件生产、构件运输及施工装配阶段，对这几个阶段的关联工作予以分析，构建房地产企业外部纵向成本链。

（1）规划设计阶段

装配式建筑相比普通现浇建筑多两个环节——技术策划和构件加工设计。构件拆分不合理、设计精度低将导致后期设计变更增加，施工安装困难[64]。目前设计人员对构件拆分主要考虑结构的安全性，缺乏构件拆分方案与全过程成本的协同优化的思想[26]。以成本链进行管理时，应对设计单位的关联工作要求如下：

① 考虑房地产企业的需求

设计单位可提前介入，在前期策划阶段了解建设目标、项目规模、各种政策等因素[65]，考虑房地产企业的需求提出相应设计方案建议。此外，政策导向中对装配率的要求也会间接影响成本，满足政策前提下，选取合适的装配率有助于降低成本，提升项目综合效益。前期设计单位应配合房地产企业进行周边构件供应商和运输条件的调研，用以确定设计方案的可行性与经济性。

② 考虑生产需求

为提高构件生产的可行性，设计阶段增加构件加工设计环节，此时应尽可能保证构件标准化和模块化。设计标准化和模块化在减少设计单位本身工作量的同时，可以增加生产阶段模具周转使用率，进而降低设计费用和构件生产模板分摊费用[66]。其次，考虑生产条件限制，如构件供应商生产线的设备尺寸、模板种类、生产技术工艺、工人技术水平等要求，针对构件供应商的实际情况做出适合的设计，以确保构件生产质量[67]。构件加工设计可由设计单位与构件供应商共同合作完成，或构件供应商提供生产条件和需求供设计单位参考。

③ 考虑运输需求

考虑运输要求，如道路运输限高、限宽、堆场等要求。装配式建筑所需预制构件重量可达 2～3 吨，体积可达 200～300 立方米，具有质量重、体积大的特点。因此，在设计时，应考虑运输条件，如道路限高、限宽、承载力等的要求，确保能顺利运输。此外，为保证顺利运输，防止运输过程中构件损坏，应在设计时对构件做合理拆分并提出运输保护支撑措施，降低运输损坏成本。

④ 考虑施工装配需求

设计单位在设计时应挑选有装配式建筑设计经验的人员进行设计，做到设计的规范和完整，提升设计的质量，避免设计错误或疏漏。设计质量的降低会导致施工装配阶段质量、工程变更、进度滞后等一系列问题，返工变更会带来无效成本。前期设计的标准化，对后期现场管理和施工安装有利，有利于实现现场标准化施工流程和统一的现场管理。施工图设计时，应尽量保证准确，充分考虑节点、接缝处施工工艺的难易程度，便于施工的同时，保证节点、接缝处防水、防火、隔声等要求。应要求施工单位提供目前的施工设备和现场条件，如综合考虑施工需要预留的孔洞（放线孔、泵管孔等），并对塔吊等选型提出建议方案。最后，应不断优化设计方案，在保证施工可行性与便利性的同时，选择经济性的设计方案[68]。

⑤ 考虑信息传输需求

首先是内部信息传输，各设计专业间应做到协同设计，建筑、结构、机电等专业应相互配合，实现信息集成。引入 BIM 等技术，搭建信息平台，方便各专业间沟通交流，进一步提高设计的标准化、准确性，减少各专业间设计碰撞冲突[69]。

其次是外部信息传输，设计信息应保证顺利传递至构件供应商、运输公司、施工承包商，这样节约成本的设计方案才能被有效地执行落实。通过信息化手段，可以实现设计单位与构件供应商、运输公司、施工承包商等进行虚拟交底，为相关技术提供线上指导服务，减少现场交底不便导致的成本增加。构件生产阶段，通过信息平台对模具加工以及构件制作进行指导；构件运输阶段，通过信息平台对构件装车及支撑保护方式指导；现场施工阶段，通过信息平台对构件的吊装、安装、现场连接进行技术指导。考虑信息传输对成本管理的影响，建立基于 BIM 的设计阶段成本链管理流程，如图 7-1 所示。

房地产企业在规划设计阶段应提前考虑以上关联工作，要求设计单位注重设计专业间及后续各阶段间的信息交流，实现协同设计、标准化设计，才能降低全流程成本。

（2）构件生产阶段

构件生产阶段，构件供应商作为中间企业，应做好上下衔接沟通，才能降低成本。关联工作主要如下：

① 设计阶段提前介入

提前与设计单位沟通，了解建筑项目的外部条件、产业化目标、建设规模以及项目定位等内容，在构件加工设计开始前，构件供应商应根据生产车间的设备情况、生产能力等条件，提出预制构件的标准化、模块化的合理建议供设计单位参考。在接到设计图纸后，立即组织有关人员熟悉图纸，同时取得各项有关的技术资料、规范、标准等，尽快组织生产技术交底。预制构件加工制作前审核构件加工图，具体内容包括：预制构件模具图、配筋图、预埋吊件及有关专业预埋图等。构件加工图如需变更或完善时应及时与房地产企业、设计单位进行沟通，提出变更申请[70]。

② 严格管控生产过程

在构件生产阶段严格管控生产过程，是将施工装配阶段成本、进度、质量管理工作的前置，房地产企业应要求构件供应商做好以下工作：一是构件生产阶段应根据构件加工设计方案选择合适的生产工艺，不仅能保障预制构件产品质量，还有助于提高构件生产效率，对全过程的成本降低有很大帮助。构件开始生产后，应及时发现生产中因设计不合理产生的问题，及时向设计单位反馈修正，以保证构件生产质量、生产效率。二是保证生产材料提前采购，一方面避免因为材料价格波动影响采购成本，另一方面也避免影响生产进度，造成施工装配阶段项目进度停滞带来窝工成本。三是规模化的车间和熟练的技术工人，提升了预制构件的质量，从而减少因质量问题带来的成本损失。四是合理安排生产进度，既不影响现场施工装配进度，又减少库存成本。因此，构件供应商应在生产中满足降低生产成本、保证生

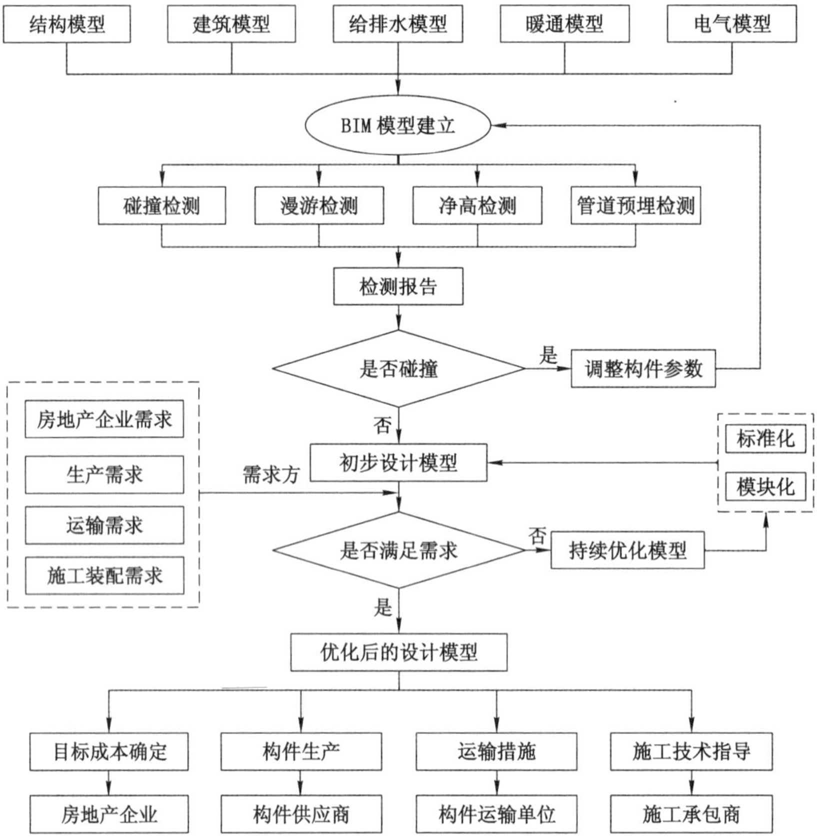

图 7-1　基于 BIM 的设计阶段成本链管理流程

产进度、保证生产质量三个标准，才能减少对后期阶段成本影响，使全流程成本降低。

(3) 构件运输阶段

构件运输阶段，运输公司作为中间企业，应对接好生产进度和现场进度，合理安排运输，该阶段的关联工作主要如下：

① 合理安排运输计划

及时与构件供应商沟通，根据生产进度安排构件运输计划，合理确定安全高效有序的运输方案，根据构件的体积、重量、数量来安排运输车辆，具体包括运输时间、顺序、路线等内容。并根据计划提前考察运输路线，确定构件是否满足道路负荷、限高等要求。运输前作好充分的准备工作，如运输特殊构件时，应提前和构件厂沟通了解情况，进行试运行。

② 正确运输放置构件

构件运输过程中，应根据设计单位要求，进行正确堆放和支撑保护，避免因构件运输过程磕碰造成运输损坏。运输公司应提前与施工承包商沟通确定构件到场时间及堆放位置，方便现场施工构件吊装。根据施工承包商提供的现场进度计划，编制运输计划，避免预制构件供大于需增加二次搬运费或供应不及时影响工程进度等情况。此外，运输到场后要检查是否有受力破坏、边角损伤，预防施工过程中出现质量问题。最后，应按照现场布置设计、吊装先后顺序合理堆放构件并编号，提高场地利用率、易于塔吊吊装、减少二次搬运。

(4) 施工装配阶段

施工装配阶段作为纵向成本链的最后一个环节,在成本链回路中发挥着重要作用,及时反馈现场信息,促进成本链管理持续改进和优化。

① 组织施工前交底

人员进场前,施工承包商应联合设计单位、构件供应商对操作者进行入场教育、设备操作培训、安全生产培训、技术交底等,并进行考核建档。施工前做好技术交底工作,施工过程中如遇到的技术质量问题,及时向设计单位、构件供应商寻求解决方案,以最大限度减少无效成本。

② 及时反馈现场问题

设计工作开始前,施工承包商也应提供现场情况、施工条件供设计单位参考,以保证设计方案在现场施工安装中具有可操作性;设计完成后,施工承包商应审核设计方案,提出基于施工安装考虑的优化建议;施工装配过程中,应尽早发现点位偏差等问题反馈给设计单位,进行有利的设计变更,保证项目顺利进行。

③ 定期沟通进度计划

在总进度计划下,施工承包商应进行详细的计划安排,由相关负责人安排好各项工作时间节点,以此倒推构件需求计划,将计划反馈至前期阶段,使其上游参与企业合理安排构件生产进度计划、运输进度计划等[44]。塔吊等大型机械台班费用对施工装配阶段成本影响较大,因此,可以考虑多环节同步施工,提前安排机械使用台班计划,提高装配效率,加快施工进度,从而降低台班费用。进度计划制定好后,应定期与上游构件供应商和运输公司沟通进度,对于可能潜在的影响因素提前规避,整体协调把控施工进度。

7.3.2 装配式建筑内部横向成本链精细化管理分析

房地产企业内部横向成本链以装配式建筑项目建设各阶段成本管理为基础活动,以配合完成基础活动的活动为辅助活动,横向成本链由基础活动和辅助活动组成。横向成本链管理的基础活动目的主要是促进纵向成本链管理工作顺利进行,辅助活动目的主要是实现基础活动增值。

(1) 基础活动

① 事前成本管理:整体设计,科学拆分

装配式建筑事前成本管理的有效手段是在设计阶段提前把控,房地产企业根据设计方案制定目标成本,指导项目全过程,过程中准确统计已发生成本,及时预估未发生成本,定期将动态成本与目标成本进行对比,及时采取纠偏措施[71]。在设计阶段成本管理应重点控制以下几个方面:

一是房地产企业应要求构件供应商、运输公司、施工承包商提前介入,帮助优化设计,使设计方案有利于后续生产、运输、安装。房地产企业可以与咨询公司、设计单位沟通共同确定合适的装配率,既能保证一定的预制构件生产规模,又避免装配率过高影响运输、安装的辅助材料成本。标准化设计对全流程带来的整体成本效益也很显著,标准化程度高,一方面使得生产阶段模板分摊成本降低,另一方面也促进运输、安装阶段流程标准化,提升了工作效率。

二是科学拆分预制构件也会对成本带来较大影响,拆分构件较大虽然会降低施工安装中接缝的工作量,但导致运输成本大幅度增加甚至无法运输,因此,房地产企业应联合设计单位、构件供应商、运输公司、施工承包商等，商议选定合理的拆分方案，综合考虑生产、运输、施工安装等诸多因素。

三是房地产企业应加强设计阶段成果图纸会审和审查，图纸会审时可由生产单位审核构件加工设计，施工承包商负责施工图审查，提前发现设计问题并修正。在设计图完成后房地产企业应尽快形成详细的目标成本，指导过程中动态成本管理。

② 事中成本管理：及时调整，避免超支

装配式建筑纵向成本链的关联工作频繁变更会严重影响目标成本管理，建立严格的变更管理流程有助于保证变更的及时性和准确性，使目标成本可控[59]。装配式建筑相比传统建筑施工周期短，对过程中变更的及时性要求更高，目前我国装配式建筑成本管理仍处于初级阶段，成本变更管理存在较多问题，及时处理变更的管理流程亟待完善[72]。

因此，本书提出应用精细化管理的过程化手段，优化房地产企业原有的成本变更流程，以保证变更的及时性和准确性，提前采取措施规避变更导致成本增加的风险。当关联工作变更发生时，首先由房地产企业各部门根据制度对其经济性、合理性做出判断，核实后下发变更通知单。变更一般会带来关联性影响，因此应判断变更是否影响其他阶段成本，从技术、经济角度分析确定最优的变更调整方案，最大程度降低关联工作变更对其他阶段成本的影响。具体成本变更精细化管理流程如图 7-2 所示。

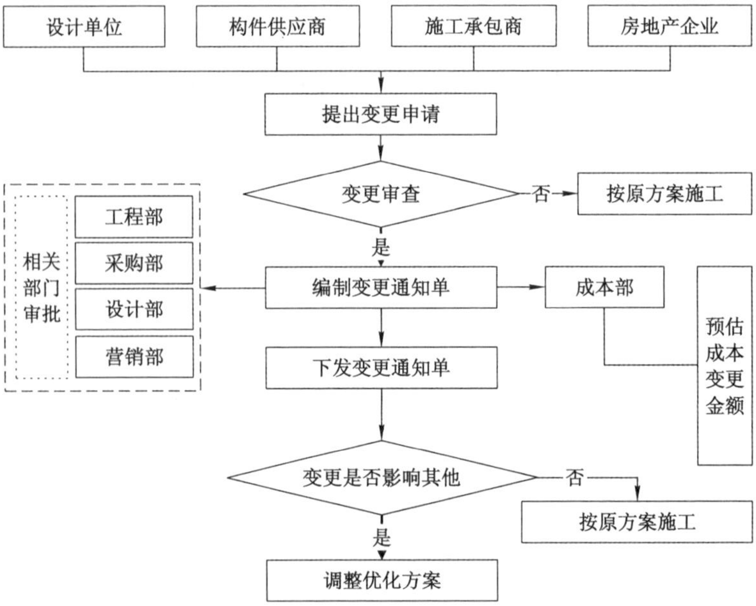

图 7-2　成本变更精细化管理流程

③ 事后成本管理：总结评价，持续改进

对于多数房地产企业来说，尚不具备成熟的装配式建筑项目开发经验，因此，对该类项目进行成本后评估，以促进后续同类项目成本持续降低显得尤为重要。房地产企业成本链精细化管理后评价含义是：以评判装配式建筑项目全过程成本关联工作为核心，依据装配式建筑项目的最终实施效果，对项目执行的各个阶段关联工作管理效果进行检查和回顾，形成链式反馈循环。通过装配式建筑项目目标成本与实际情况的对比，考察房地产企业在开发全过程中成本管理目标的实现程度，总结装配式建筑成本链精细化管理的经验教训，然后将评价结果反馈信息运用于后期装配式建筑成本管理中，循环往复不断提高企业成本管理水平。

综上，通过成本链精细化管理将装配式建筑项目的信息流和工作流融为一体，使上下游企业在房地产企业驱动下相互关联。精细化管理注重对成本链的过程管控，在成本管理的PDCA循环过程中，持续降低成本链的全流程成本。因此，将纵向成本链与横向成本链结合，最终形成装配式建筑成本链精细化管理模型，具体如图7-3所示。

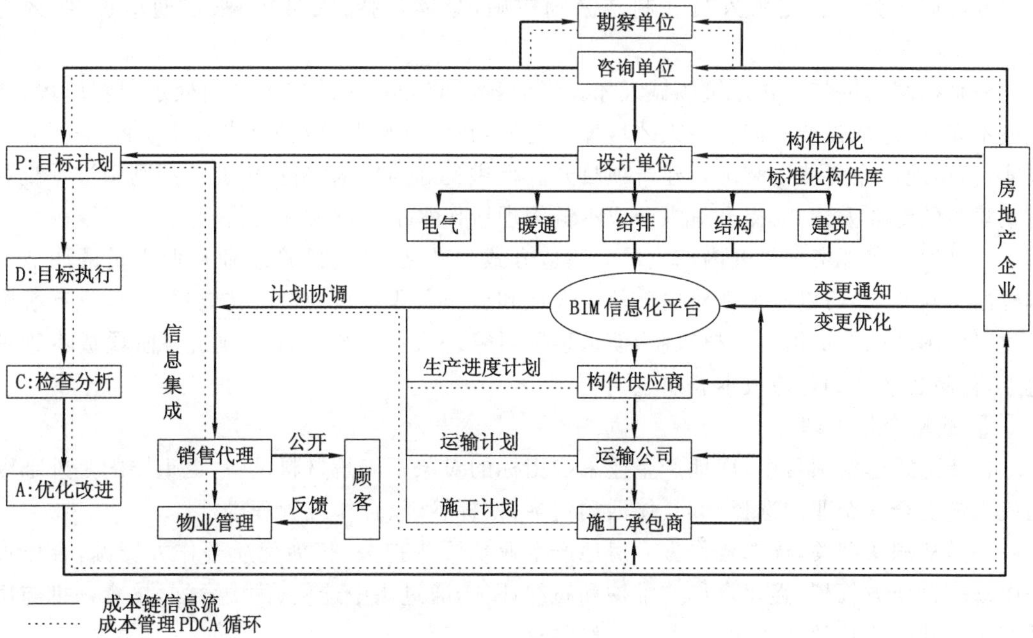

图7-3　装配式建筑成本链精细化管理模型

（2）辅助活动

① 基础设施建设

辅助活动在房地产企业开发装配式建筑项目过程中不直接节约成本，而是为基础活动增值[49]。基础设施建设能够确保项目全过程的顺利进行，具体包括：原有架构的评估、组织结构的调整等。

一是公司整体组织机构的调整。房地产企业需要对装配式建筑成本链精细化管理模型进行分析，了解企业现状，发现目前组织架构内部应用装配式建筑成本链精细化管理模型的不足和优势，与此同时分析外部市场环境及未来发展趋势，做出适合企业发展的组织架构调整，以应对和完善装配式建筑成本链精细化管理。

二是各职能部门的调整。房地产企业需要评估核心职能部门实力，并以职能部门实力为基础实行装配式建筑成本链精细化管理，同时还要根据成本链精细化管理的关联工作对工作流程、职能部门进行重构和优化，调整公司ERP系统以实现不同职能部门对设计、生产、运输、施工装配阶段的全流程管控。职能部门调整后，有效解决组织内部无法满足装配式建筑成本链精细化管理需求的问题，有利于提高不同职能部门间的协作能力，加强对外部合作企业关联工作的管理。

三是不断优化升级组织。在完成组织架构重组后，房地产企业需要根据成本链精细化管理后评价进一步调整优化，不断提升内部横向成本链的运作效率。成本链管理的反应速度和灵活性是衡量成本链精细化管理效果的重要指标，组织调整应以此为考核依据，不断优化升级。内部组织架构有效运作，才能够更好地管理外部纵向成本链的各参与主体。

② 人力资源管理

装配式建筑项目作为新的项目类型，需要引进和培养一批管理人才和技术人才，因此人力资源部门应为项目招聘人员并制定激励措施，具体包括：人员招聘、定期培训、绩效考核等[49]。

一是招聘引进装配式建筑领域人才。当前我国装配式建筑成本管理处于起步阶段，产业链不完善，应加强产业链相关人才培养。此外，在信息技术、物联网技术等方面，需要专业人才，为房地产企业从事装配式建筑项目开发提供良好的技术支持，因此应招聘引进一批装配式建筑的专业人才，为提升对纵向成本链管理协作水平提供人才支持。

二是通过培训考核提升内部人员。建造方式的转变，对房地产企业从业人员的职业素养提出了新要求，所以应加强对内部从业人员和合作企业参与人员的技能培训，建立起装配式建筑成本链的全员培养考核机制，使从事项目管理人员明确装配式建筑各阶段成本管理重点，保障各环节的建造成本和质量。

③ 战略合作管理

在装配式建筑项目中，房地产企业采购招标的对象不仅是材料设备，更重要的是外部纵向成本链上合作企业的选择，其具体活动包括：招标管理、合作方管理等。

一是从源头把关，优选合作方。房地产企业从源头把关，拓展优质合作方资源，合作过程中规范合作方管理，强化合作方维护和履约评估，通过优中选优、优中育强，培育一批与房地产企业共同成长的合作伙伴，实现合作共赢。

二是建立成本链的战略合作联盟。企业之间存在交易成本，其随着交易次数的增加而不断增大，各合作企业之间联系也随着交易次数的增加更加密切，房地产企业可借助装配式建筑项目合作，逐步与上下游企业建立相互信任的联盟关系[73]，这样交易成本将会不断降低[46]，成本链的全流程成本也将持续降低。房地产企业可以从强化外部纵向成本链精细化管理的目的出发，与有经验的咨询机构、设计单位、构件供应商、运输企业、施工承包商等企业形成全方位、多层次的联盟。通过各种契约实现优势互补、风险共担，联盟中各个企业之间的联系沟通是有法律约束的，这种联系沟通的结果在一定程度上决定了全流程纵向成本链精细化管理的效果。

三是通过奖惩机制优化联盟。如果上下游企业间相互精诚合作，成本目标就会顺利得以实现，否则会导致项目成本增加、质量下降、进度滞后等不利后果的发生，使房地产企业的管理协调难度增加。因此，房地产企业必须对成本链上下游企业的团结协作进行奖惩，确定奖惩契约[73]。首先应树立合作共赢的目标，使联盟内参与主体目标协同。其次，动态识别各阶段参与主体的需求，这是有效实施奖惩契约的重要基础。然后，将奖惩契约与各阶段参与主体的利益挂钩，作为实现进一步合作的前提，进而促进各阶段参与主体的长远合作。最后，应建立参与主体的监督反馈渠道，实现联盟内主体间相互监督，不断优化战略联盟。通过战略联盟内部奖罚机制，成本链的上下游企业在不断博弈中减少工程变更、索赔等，提高成本链精细化管理的效率。此外,房地产企业通过奖惩对上下游企业的履约行为进行监督和管理,有利于促进装配式建筑产业链的快速形成和健康发展。

战略合作关系的有效管理影响全流程的成本,是调动参与主体沟通积极性的科学合理的方法,有助于优化与完善装配式建筑成本链精细化管理,激发联盟内主体间合作的内在驱动力,推动成本链精细化管理体系有序运行,提高装配式建筑成本管理的整体水平。

④ 信息化平台建立

装配式建筑成本链伴随大量信息流,若这些信息在纵向成本链的各参与企业间存在不对称现象,则会阻碍成本链管理体系高效运行[74]。因此,房地产企业作为纵向成本链的驱动力,应将精细化管理的信息化手段应用于成本链管理中,结合 BIM、RFID、物联网三大技术建立信息化平台,以技术支持、奖惩制度等驱动各参与企业利用信息化平台,鼓励各参与企业通过信息化平台主动加强沟通协作,将相关信息有效传输至相关企业。基于精细化管理的信息化平台构建框架如图 7-4 所示。

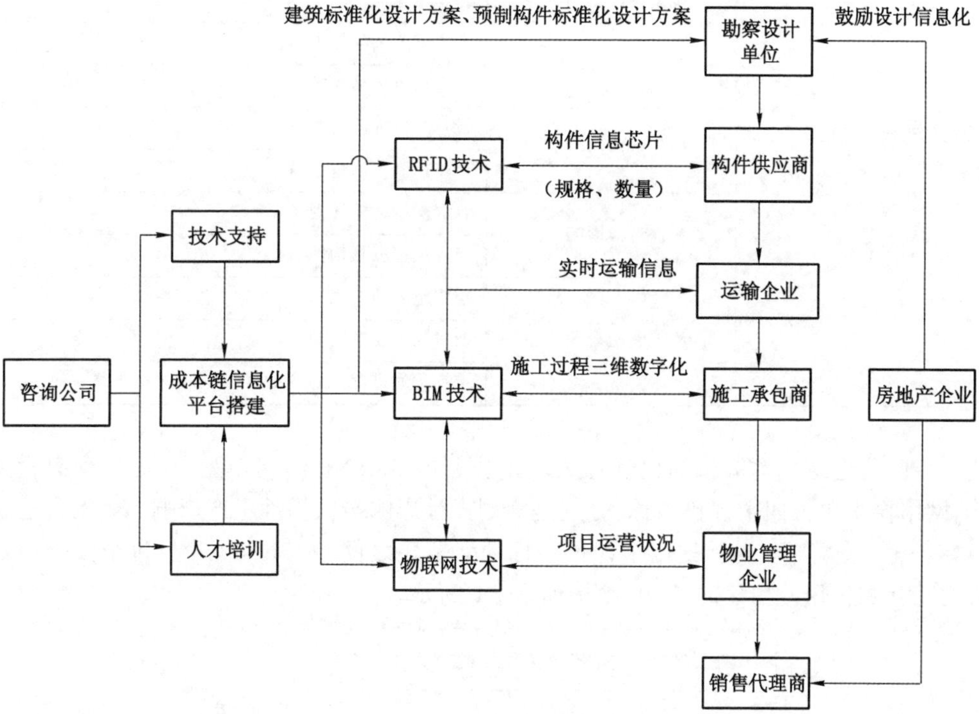

图 7-4 装配式建筑成本链管理信息化平台

这一信息化平台的建立,通过 BIM 技术整合各阶段参与主体的资源,解决参与主体间沟通平台缺乏导致信息传递不到位的问题,为资源整合和信息沟通提供技术平台。RFID 技术的应用使构件供应商对预制构件的管理更加精细化,将其与 BIM、物联网结合,可为其他参与主体提供生产信息、构件信息等,有效提升参与主体间的工作衔接度。此外,物联网技术为成本链下游物业管理企业的运营管理提供便利,以精细化、智能化的管理替代过去粗放式的管理。

7.4 装配式建筑成本链精细化管理模型量化分析

7.4.1 建立指标体系

(1) 构造 ANP 结构模型

第 3 章分析得到了装配式建筑成本链精细化管理的关联工作关系，通过梳理得到关联工作指标体系，如下表 7-2 所示。

表 7-2 基于 ANP 的装配式建筑成本链精细化管理模型的关联工作指标体系

控制层	一级元素	二级元素
装配式建筑成本链精细化管理关联工作成本影响	规划设计影响 A_1	考虑房地产企业的需求 A_{11}
		考虑生产需求 A_{12}
		考虑运输需求 A_{13}
		考虑施工装配需求 A_{14}
		考虑信息传输需求 A_{15}
	构件生产影响 A_2	设计阶段提前介入 A_{21}
		严格控制生产过程 A_{22}
	构件运输影响 A_3	合理安排运输计划 A_{31}
		正确运输放置构件 A_{32}
	施工装配影响 A_4	组织施工前交底 A_{41}
		及时反馈现场问题 A_{42}
		定期沟通进度计划 A_{43}

建立装配式建筑成本链精细化管理关联工作影响的 ANP 结构模型，控制层中只含一个目标，网络层中包含四个评价指标，分别是规划设计影响 A_1、构件生产影响 A_2、构件运输影响 A_3 和施工装配影响 A_4，这四个评价指标的元素集之间相互影响，并且每个集合内部的元素之间互相作用。构建的 ANP 结构如图 7-5 所示。

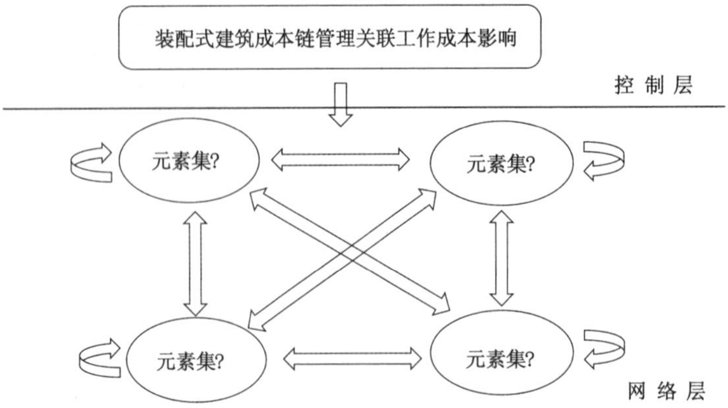

图 7-5 装配式建筑成本链精细化管理模型关联工作影响的 ANP 结构

（2）确定元素间的关联情况

根据装配式建筑成本关联因素对关联工作的作用路径，对第 3 章模型分析得到各元素间的关联情况，如表 7-3 所示，其中，首行元素为被影响元素，左列元素为可能对首行元素产生影响的元素。

表 7-3　基于装配式建筑成本链精细化管理模型的各级指标元素影响情况

		A_1					A_2		A_3		A_4		
		A_{11}	A_{12}	A_{13}	A_{14}	A_{15}	A_{21}	A_{22}	A_{31}	A_{32}	A_{41}	A_{42}	A_{43}
A_1	A_{11}	0	0	0	0	0	0	1	1	1	0	0	0
	A_{12}	0	0	0	0	0	1	1	1	1	1	1	1
	A_{13}	0	0	0	0	0	0	0	1	1	1	1	1
	A_{14}	0	0	0	0	0	0	0	0	0	1	1	1
	A_{15}	1	1	1	1	0	1	1	1	0	1	1	1
A_2	A_{21}	0	1	1	1	1	0	1	0	0	1	1	1
	A_{22}	0	1	1	0	1	1	0	1	0	1	1	1
A_3	A_{31}	0	0	0	1	1	0	0	0	1	1	1	1
	A_{32}	0	0	0	1	1	0	0	0	0	1	1	1
A_4	A_{41}	0	0	0	1	1	1	1	1	1	0	1	1
	A_{42}	0	0	0	1	1	0	1	1	1	1	0	1
	A_{43}	0	0	0	0	1	0	1	1	0	1	1	0

（3）基于 SD 软件构建评价指标体系

Super Decisions（SD）软件具有减轻矩阵计算量的优势[75]，因此本书采用该软件进行计算。依据表 7-2 的各级指标元素关联情况，首先通过 SD 软件创建网络层一级元素，然后创建对应的二级元素。指示箭头起点元素对指示箭头指向元素有影响，双向指示箭头表示两元素互相影响，环形指示箭头表示元素组内的元素存在互相影响。具体如图 7-6。

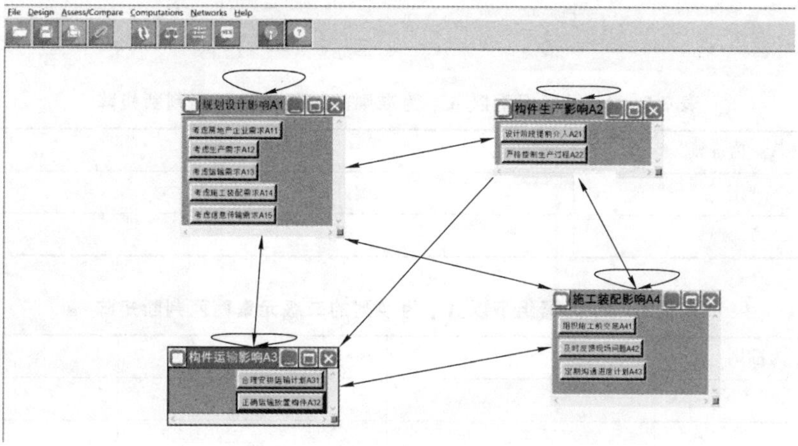

图 7-6　基于 SD 软件的各级指标元素影响示意图

7.4.2 判断矩阵的构建及权重计算

(1) 构造判断矩阵

根据模型分析的各元素关联情况,构造元素指标两两判断矩阵。一级元素指标的判断矩阵说明以 A_1 元素组为例,其对其他一级元素均存在影响,构造本例的判断矩阵,如表 7-4,其余一级元素判断矩阵的构造原理同 A_1。

表 7-4 以 A_1 元素组为准则的一级元素两两判断矩阵

以 A_1 为准则	A_1	A_2	A_3	A_4
A_1				
A_2				
A_3				
A_4				

一级元素指标的判断矩阵以 A_1 元素组中 A_{11} 为例,其对 A_1、A_2、A_3 和 A_4 元素组内部分或全部元素存在影响,构造判断矩阵,如表 7-5 至表 7-8,其余二级元素两两判断矩阵的构造原理同 A_{11}。

表 7-5 A_1 元素组下以 A_{11} 为准则的二级元素两两判断矩阵

以 A_{11} 为准则	A_{12}	A_{13}	A_{14}	A_{15}
A_{12}				
A_{13}				
A_{14}				
A_{15}				

表 7-6 A_2 元素组下以 A_{11} 为准则的二级元素两两判断矩阵

以 A_{11} 为准则	A_{21}	A_{22}
A_{21}		
A_{22}		

表 7-7 A_3 元素组下以 A_{11} 为准则的二级元素两两判断矩阵

以 A_{11} 为准则	A_{31}	A_{32}
A_{31}		
A_{32}		

表 7-8 A_4 元素组下以 A_{11} 为准则的二级元素两两判断矩阵

以 A_{11} 为准则	A_{41}	A_{42}	A_{43}
A_{41}			
A_{42}			
A_{43}			

(2) 调查问卷的设计和收集

邀请从事装配式建筑项目相关领域的专家，通过问卷形式采用“9 级标度法”对前文分析得到的一级元素判断矩阵和二级元素判断矩阵进行两两比较打分，通过分析计算得出各级元素相对于问题目标的权重。本次调查共发放问卷 80 份，成功收回 72 份，剔除失真问卷，最终得到有效样本 62 份。受访者来源如下：25%来自房地产企业，23%来自设计单位，27%来自构件供应商，13%来自运输公司，剩余来自施工承包商，其中 93%人员有装配式建筑项目经验。

(3) 构造 ANP 超矩阵计算权重

通过问卷数据的收集和分析，根据“9 级标度法”确定所有判断矩阵中各元素的重要性标度，并将数据输入 SD 软件进行计算分析，将计算得到的各级因素相对于问题目标的权重整理如下，如表 7-9 所示。

表 7-9 基于装配式建筑成本链精细化管理模型的各级指标元素影响权重值

控制层	一级元素	权重 Z_1	二级元素	权重 Z_2	全局权重 Q_{ij}
装配式建筑成本链精细化管理关联工作成本影响	规划设计影响 A_1	0.356 937	考虑房地产企业需求 A_{11}	0.100 280	0.035 794
			考虑生产需求 A_{12}	0.109 783	0.039 186
			考虑运输需求 A_{13}	0.051 947	0.018 542
			考虑施工装配需求 A_{14}	0.100 557	0.035 893
			考虑信息传输需求 A_{15}	0.153 233	0.054 695
	构件生产影响 A_2	0.274 807	设计阶段提前介入 A_{21}	0.128 486	0.035 309
			严格控制生产过程 A_{22}	0.086 822	0.023 859
	构件运输影响 A_3	0.200 605	合理安排运输计划 A_{31}	0.030 228	0.006 064
			正确运输放置构件 A_{32}	0.026 920	0.005 400
	施工装配影响 A_4	0.167 651	组织施工前交底 A_{41}	0.074 247	0.012 448
			及时反馈现场问题 A_{42}	0.069 535	0.011 658
			定期沟通进度计划 A_{43}	0.067 962	0.011 394

7.4.3 应用装配式建筑成本链精细化管理模型的方案

从计算结果来看，元素之间的影响关系复杂，根据专家调查结果，通过 ANP 结构模型和 SD 软件计算可以看出关联工作成本影响权重。从元素权重计算结果可以看出，四个一级元素按对装配式建筑成本链精细化管理关联工作成本影响程度从大到小排序依次为：规划设计影响、构件生产影响、构件运输影响和施工装配影响，权重结果分别是 0.356 937、0.274 807、0.200 605 和 0.167 651，越靠前对成本影响越大。因此，在应用装配式建筑成本链精细化管理模型时，优先级为 A_1、A_2、A_3、A_4，首先应加强规划设计阶段管理。

从二级元素权重计算结果来看，关联工作成本影响程度从大到小排序依次为：A_{15}、A_{21}、A_{12}、A_{14}、A_{11}、A_{22}、A_{41}、A_{42}、A_{43}、A_{13}、A_{31}、A_{32}，最重要的关联工作元素为信息传输工作。二级元素影响程度大小排序，基本与一级指标排序一致，细微差异是在构件运输影响和施工装配影响的二级元素排序不一致，原因分析如下：通过第 3 章纵向成本链中两阶段的关联工作发现，施工装配阶段的关联工作在成本链回路中发挥重要作用，此阶段的信息反馈工作对构件生产、运输影响均较大,因此施工装配阶段的二级元素排序在前,综合两阶段全局权重 Q_{ij} 来看,施工装配阶段的二级元素全局权重较高。因此,在应用模型时,应注重对施工装配阶段的关联工作管理,充分发挥施工装配阶段的关联工作在成本链回路中的作用,特别是在信息反馈方面的作用。

综上,应用装配式建筑成本链精细化管理模型的方案为:首先,加强规划设计阶段关联工作的管理,优先级为 A_{15}、A_{12}、A_{14}、A_{11}、A_{13}。其次,加强构件生产阶段关联工作的管理,优先级为 A_{21}、A_{22}。然后,加强施工装配阶段关联工作的管理,优先级为 A_{41}、A_{42}、A_{43}。最后,加强构件运输阶段关联工作的管理,优先级为 A_{31}、A_{32}。

7.5 装配式建筑成本链精细化管理关联工作的成本确定模型

7.5.1 模型原理及假设条件

为便于计算关联工作成本,对装配式建筑成本链精细化管理关联工作的成本确定模型作如下假设:

(1) 装配式建筑项目成本链模型由一个勘察设计单位、一个构件供应商、一个运输公司、一个施工承包商等组成的,每阶段由一个企业主导,其他企业配合,总的关联成本是该项目各阶段关联工作成本的累加。

(2) 装配式建筑全流程成本按阶段主要包含前期策划阶段成本、规划设计阶段成本、构件生产阶段成本、构件运输阶段成本、施工装配阶段成本及运营维护阶段成本。前期策划阶段成本包括固定成本和关联成本两方面,固定成本即土地获取成本、可行性研究等成本,土地费用虽在整个项目成本中占比多,但其成本固定,模型不予考虑;关联成本指前期策划方案对规划设计、构件生产、运输和施工装配阶段造成影响发生的成本。规划设计成本也包括固定成本和关联成本两方面,固定成本即单纯的规划设计费,其在整个项目成本中占比较少且成本较固定,因此不予考虑;关联成本指规划设计方案对构件生产、运输和施工装配阶段造成影响发生的成本。通过前面阶段的成本链精细化管理,使后期运营维护阶段的跟踪检测、维护维修等工作容易开展,该阶段维护成本降低,且在整个项目成本中占比较少,因此不予考虑。此外,运营维护阶段的关联成本,是项目投入使用后的影响,多体现在对下一个项目成本的影响,根据假设一该项可忽略。因此本模型全流程总成本主要考虑构件生产、运输和施工装配阶段的关联成本,将其他阶段关联成本转化为这三个主要阶段的实际成本。

(3) 装配式建筑成本链精细化管理涉及六个阶段,合作企业包括设计单位、构件供应商、运输公司、施工承包商等,而房地产企业作为装配式建筑成本链精细化管理的核心主体,通过横向成本链管理降低与合作企业间的交易成本,从而降低全流程成本。因此,本模型将交易成本作为横向成本链精细化管理的成本,考虑进模型计算中。交易成本(JC)主要包括搜寻成本(SXC)、谈判成本(TPC)和奖惩成本(JCC)[46]。装配式建筑成本链精细化管理交易成本贯穿于装配式建筑全流程各开发环节,其中搜寻成本(SXC)指房地产企业为确定成本链上下游企业而进行的战略合作企业信息搜集和招标选择合作对象的成本。谈判成本(TPC)指与合作对象进行谈判、协商、签约的成本。奖惩成本(JCC)指在合同履约过程中对各合作对象及合作对象之间进行协调沟通、监督及奖励惩罚的成本。

(4) 结合装配式建筑目前发展的实际情况,将构件生产阶段成本划分为固定成本(FC)

和可变成本(VC),固定成本(FC)基本不受成本链管理其他阶段影响,可变成本(VC)会受到其他阶段关联工作影响而发生变化。

(5) 综合考虑工厂生产计划和施工现场装配计划,考虑运输的经济性,假定一辆车每次运输 n 个相同构件,根据车辆运输超限管理规定,将不同重量的构件选取不同载重量的货车,每类车辆单次运输费用不同。

(6) 现场施工装配阶段关联成本的核心问题在于吊装效率,每个构件的人工费、接缝成本近似相等,因此可根据实际取平均值计算。

7.5.2 模型建立

装配式建筑成本链精细化管理的关联工作成本包含构件生产、运输和施工装配三个阶段成本,因此,关联成本总额 C_G 看作是上述各个部分成本的总和,目标函数如公式(7-1),由假设2、假设3可知,全流程总成本主要由四个部分组成,则该模型全流程总成本如公式(7-2):

$$C_G = \sum_{i=1}^{n} C_i \qquad i = 1,2,3\cdots\cdots \tag{7-1}$$

$$C_G = SC + YC + ZC + JC \tag{7-2}$$

C_G 表示关联成本总额,SC 表示构件生产阶段成本,YC 表示构件运输阶段成本,ZC 表示构件施工装配阶段成本,JC 表示全流程交易成本。

其中,构件生产、构件运输和施工装配三个阶段的关联成本及横向成本链管理的交易成本分别表示如下:

(1) 交易成本 JC

交易成本(JC)包括搜寻成本(SXC)、谈判成本(TPC)和奖惩成本(JCC),则可表示为:

$$JC = SXC + TPC + JCC \tag{7-3}$$

搜寻成本(SXC)由每种企业类型 i 的 n 个实例的搜寻成本组成;i 表示企业类型编号;j 表示每个企业类型可供选择的实例个数;$Z_{i,j}$ 是二进制变量,表示该阶段第 i 类型企业的 j 号进入成本链,根据纵向成本链的阶段确定;SXCost i 表示企业类型 i 的搜寻成本;故SXC表示为:

$$SXC = \sum_{i=1}^{m}\sum_{j=1}^{n} z_{i,j} \times SXCost\ i \tag{7-4}$$

其中 m、n 的数值根据项目实际情况确定。

谈判成本(TPC)为全流程总谈判成本;T 表示谈判时间;k 表示谈判带来的成本节约额;$Y_{i,j}$ 是二进制变量,表示该阶段第 i 类型企业的 j 号进入谈判;$TPCC\ i$ 表示 i 类型企业的单位时间单位成本节约额的谈判成本,根据实际情况和阶段确定;$TPCost\ i$ 表示企业类型 i 的总谈判成本;则

$$TPCost\ i = Y_{i,j} \times k_j \times T_j \times TPCC\ i \tag{7-5}$$

故 TPC 表示为:

$$TPC = \sum_{i=1}^{m}\sum_{j=1}^{n} Y_{i,j} \times TPCost\ i \tag{7-6}$$

奖惩成本(JCC)为在第 t 个阶段因其他阶段成本关联因素造成的成本浪费(或节约)乘以成本浪费惩罚(或奖励)系数的成本;K_t 表示未履约(或履约)带来的成本浪费(或节约)

额；$X_{i,j}$ 是二进制变量，表示该阶段第 i 类型企业的 j 号进行履约；$JCCost\ i$ 表示企业类型 i 成本浪费惩罚（或奖励）系数，惩罚系数为负，奖励系数为正，根据实际情况和阶段确定；故 JCC 表示为：

$$JCC = \sum_{i=1}^{m}\sum_{j=1}^{n}\sum_{t=1}^{m} X_{i,j} \times K_t \times JCCost\ i \tag{7-7}$$

装配式建筑横向成本链管理对纵向成本链管理影响显著，根据以上交易成本计算使横向成本链管理效果有了计量依据。

（2）构件生产阶段成本 SC

构件生产阶段成本（SC）包括构件生产固定成本（SFC）和构件生产可变成本（SVC），则可表示为：

$$SC = SFC + SVC \tag{7-8}$$

构件生产固定成本（SFC）为在构件生产阶段不受成本关联因素影响的成本，根据实际情况确定，包含固定资产摊销成本、设备使用成本、税金。固定资产价值为 Q_1，固定资产摊销系数为 q_1；设备使用成本为 Q_2；材料费为 Q_3；管理费 Q_4；利润 Q_5；税金为 TAX；则可表示为：

$$SFC = Q_1 \times q_1 + Q_2 + Q_3 + Q_4 + Q_5 + TAX \tag{7-9}$$

构件生产可变成本（SVC）为在构件生产阶段的关联成本，包含人工费、生产措施费、仓储措施费。人工计时工资系数 q_2，计划生产期限 T_s；模具周转率 q_3，单个模具固定成本为 Q_k；$Q_{k,a}$ 是二进制变量，表示该阶段第 k 类型模板的 a 号进行使用；则 SVC 可表示为：

$$SVC = q_2 \times T_s + \sum\nolimits_{a=1}^{m} \sum\nolimits_{k=1}^{n} Q_{k,a} \times Q_k \tag{7-10}$$

（3）构件运输阶段成本 YC

运输成本（YC）为构件装卸人工成本、机械成本、货车运输成本的总和，y_1 表示每个构件装卸人工成本；y_2 表示每个构件的机械成本；y_3 表示每个构件的货车运输成本；D 表示运输距离；$G(m_i)$ 表示根据重量为 m_i 的构件选取对应货车的单位运输成本；故运输成本 YC 表示如下：

$$YC = (y_1 + y_2) \times n + \sum\nolimits_{i=1}^{n} D \times G(m_i) \tag{7-11}$$

$$G(m_i) = \begin{cases} Tr_1 & 0 \leqslant m_i \leqslant 120 \\ Tr_2 & 12t \leqslant m_i \leqslant 30t \end{cases} \tag{7-12}$$

Tr_1、Tr_2、Tr_3 分别为不同载重量的货车的运输成本，根据实际情况确定。

（4）施工装配阶段成本 ZC

施工装配成本（ZC）为吊装机械费、人工费、接缝成本的总和，z_1 表示每个构件安装的人工成本；z_2 表示每个构件的接缝成本；$F(m_i)$ 表示根据重量为 m_i 的构件选取对应塔吊所需的机械成本；故 ZC 表示如下：

$$ZC = (z_1 + z_2) \times n + F[\max(m_1, m_2, m_3, \cdots\cdots, m_n)] \tag{7-13}$$

$$F(m_i) = \begin{cases} Tc_1 & 0 \leqslant m_i \leqslant 20 \\ Tc_2 & 2t \leqslant m_i \leqslant 4t \end{cases} \tag{7-14}$$

Tc_1、Tc_2、Tc_3 分别为不同塔吊的机械成本，根据实际情况确定。

根据以上模型，可快速确定装配式建筑成本链精细化管理关联工作的成本，从而确定出 4.2.4 节确定的模型应用方案的成本。

7.5.3 模型量化分析结果

通过房地产企业基础活动确定的目标成本 C_M，可以从中分别找出各阶段关联工作对应的细化科目的成本 C_{Mi}。

由 ANP 将各项关联工作对其他阶段成本的影响权重进行量化处理，确定应用装配式建筑成本链精细化管理模型的方案为 A_1、A_2、A_3、A_4。

由装配式建筑成本链精细化管理关联工作的成本确定模型计算出关联成本总额 C_G，则可得：

$$C_B = \sum_{i=1}^{n} C_{Mi} - C_G \quad (i = 1, 2, 3, \cdots, n) \tag{7-15}$$

C_B 为模型应用带来的成本变化额，通过 C_B 分析验证装配式建筑成本链精细化管理模型的应用效果。

7.6 案例分析应用

7.6.1 案例基本信息

(1) Z 房地产企业概况

Z 房地产企业成立于 1988 年，是房地产企业最具知名度的民企之一，目前公司总资产 1 000 多亿元，连续多年位居房地产企业排名前 20 名。该公司项目遍及全国超 100 座城市，开发项目 400 余个，土地储备量约 5 000 万方，在 2020 年全口径营销收益高达 2 000 亿。该房地产企业经过多年的发展，已开发住宅、文旅、商业、酒店经营及健康养老等多种类型的建筑，是一家具有较强开发能力与综合实力的房地产企业。该房地产企业自 2016 年开始在长三角启动装配式建筑市场发展战略，研究装配式建筑项目开发，近几年开发的装配式建筑项目多次获得荣誉，证明了该公司在装配式建筑项目方面的开发和管理实力。

(2) H 项目概况

H 项目位于浙江省嘉兴市，是 Z 房地产企业在嘉兴市装配式建筑项目的首次尝试，是长三角市场发展战略中成功落地的项目。项目的具体概况如下：

项目名称：2019 嘉兴市秀洲 * * 号商住用房项目。

用地范围与现状：本地块位于嘉兴市秀洲国家高新区，东至 * * 路，南至 * * 路，西至 * * 路，北至 * * 路；土地性质：二类居住用地。

规划条件主要经济技术指标要求：总用地面积约 63 352 m^2；容积率≤1.8；建筑密度≤30%；绿地率≥30%；建筑限高 80 米。

建设规模：总用地面积约 63 352 m^2，容积率为 1.8；总建筑面积约为 172 496.54 m^2：其中，地上为 113 971.60 m^2，地下为 54 326.94 m^2。

政策要求：根据浙江省装配式建筑评价标准，单体装配率需满足 36 分。

(3) H 项目装配方案

根据浙江省装配率计算规则和装配式建筑评分规则，该公司结合项目实际和目前条件，在项目中选取合适的预制构件，具体方案如表 7-10、表 7-11 所示。

表 7-10　基于浙江省装配式建筑评分规则的 H 项目装配式应用评分表：19F 高层(1[#] ～23[#])，11F 洋房(30[#])

评价项			评价要求	评价分值	预制构件	最低分值	应用比例	实际分值	
主体结构 Q1（50 分）	柱、支撑、承重墙、延性墙板等竖向构件	应用预制部件	35%≤应用比例≤80%	20～30 分		20			20
		现场采用高精度模板	70%≤应用比例≤90%	5～10 分	高精度模板		90%	10	
		现场应用成型钢筋	应用比例≥70%	4 分					
	梁、板、楼梯、阳台、空调板等构件		70%≤应用比例≤80%	10～20 分	预制叠合楼板、楼梯、阳台、空调板等		70%	10	
围护墙和内隔墙 Q2（20 分）	非承重围护墙非砌筑		应用比例≥80%	5 分		10			10
	围护墙	墙体与保温隔热、装饰一体化	50%≤应用比例≤80%	2～5 分					
		采用保温隔热、装饰一体化板	应用比例≥80%	4.3 分					
		采用墙体与保温隔热一体化	50%≤应用比例≤80%	1.2～3 分	外墙主材导热系数不大于 0.23 W/(m・k)，符合；墙体与隔热一体化		64%	2	
	内隔墙非砌筑		应用比例≥50%	5 分	预制墙板		80%	5	
	内隔墙	内隔墙与管线、装修一体化	50%≤应用比例≤80%	2～5 分					
		内隔墙与管线一体化	50%≤应用比例≤80%	1.2～3 分	内隔墙与管线一体化		80%	3	
装修和设备管线 Q3（30 分）	全装修		—	6 分	全装修	6		6	6
	干式工法楼面		应用比例≥70%	6 分					
	集成厨房		70%≤应用比例 ≤90%	3～6 分					
	集成卫生间		70%≤应用比例 ≤90%	3～6 分					
	管线分离	竖向布置管线与墙体分离	50%≤应用比例 ≤70%	1～3 分					
		水平向布置管线与楼板和湿作业楼面垫层分离	50%≤应用比例 ≤70%	1～3 分					
						合计			36

表 7-11 基于浙江省装配式建筑评分规则的 H 项目装配式应用评分表:3F 联排别墅(24＃～29＃、31＃)

评价项			评价要求	评价分值	预制构件	最低分值	应用比例	实际分值	
主体结构 Q1（50 分）	柱、支撑、承重墙、延性墙板等竖向构件	应用预制部件	35％≤应用比例≤80％	20～30 分		20			20
		现场采用高精度模板	70％≤应用比例≤90％	5～10 分	高精度模板		90％	10	
		现场应用成型钢筋	应用比例≥70％	4 分					
	梁、板、楼梯、阳台、空调板等构件		70％≤应用比例≤80％	10～20 分	预制叠合楼板、楼梯、阳台、空调板等		70％	10	
围护墙和内隔墙 Q2（20 分）	非承重围护墙非砌筑		应用比例≥80％	5 分		10			10
	围护墙	墙体与保温隔热、装饰一体化	50％≤应用比例≤80％	2～5 分					
		采用保温隔热、装饰一体化板	应用比例≥80％	4.3 分					
		采用墙体与保温隔热一体化	50％≤应用比例 ≤80％	1.2～3 分	外墙主材导热系数不大于 0.23 W/(m·k),符合;墙体与隔热一体化		73％	2.6	
	内隔墙非砌筑		应用比例≥50％	5 分	预制墙板		71％	5	
	内隔墙	内隔墙与管线、装修一体化	50％≤应用比例≤80％	2～5 分					
		内隔墙与管线一体化	50％≤应用比例≤80％	1.2～3 分	内隔墙与管线一体化		71％	2.4	
装修和设备管线 Q3（30 分）	全装修		—	6 分	全装修	6	—	6	6
	干式工法楼面		应用比例≥70％	6 分					
	集成厨房		70％≤应用比例≤90％	3～6 分					
	集成卫生间		70％≤应用比例≤90％	3～6 分					
	管线分离	竖向布置管线与墙体分离	50％≤应用比例≤70％	1～3 分					
		水平向布置管线与楼板和湿作业楼面垫层分离	50％≤应用比例≤70％	1～3 分					
						合计			36

7.6.2 Z 房地产企业 H 项目成本管理现状

(1) H 项目基本信息

根据装配式建筑成本链精细化管理模型及量化分析，筛选 H 项目实际成本管理情况数据如表 7-12。

表 7-12 H 项目基本情况数据

名称	原数值	名称	原数值
目标成本	70 628 万元	进度惩罚成本	3 万/天
总建筑面积	172 496 m^2	装卸人工单价	330 元/天
工期	15 个月	运输距离(D)	60 公里
准备时间	2 个月	安装人工单价	410 元/天
生产人工单价	480 元/天	塔吊台班费	1 800 元/天
模板分摊费	13 000 元/吨	工期	15 个月

根据装配式建筑成本链精细化管理关联工作成本的确定模型，筛选出关联工作目标成本，此处选取目标成本数据仅为关联成本部分的数据，根据装配式建筑成本链精细化管理关联工作的成本确定模型假设，已剔除部分固定成本数据，H 案例目标成本数据如下表 7-13。

表 7-13 H 项目目标成本数据

阶段	名称	目标成本(万元)	变量说明
前期策划阶段	搜寻成本(SXC)	125.41	包含前期项目所处地的勘察测量、建设标准规模咨询及合作方招标费用
	谈判成本(TPC)	389.49	包含全过程造价咨询费、合同签订谈判协商费用等
规划设计阶段	专项设计费($ZXSJ$)	273.40	包含 BIM 设计费、PC 深化设计费、设计评审及论证费等
构件生产阶段	生产可变成本(SVC)	1 084.53	包含人工费、生产措施费、仓储措施费等
构件运输阶段	运输成本(YC)	284.21	包含装卸人工成本、机械成本、货车运输成本等
施工装配阶段	装配成本(ZC)	1 672.98	包含塔吊机械费、人工费、接缝处理成本等

(2) H 项目关联工作成本影响

成本变更是指在项目建设过程中，根据各参与主体的要求，按照合同约定程序对原有工作进行的补充和修改[59]，该变更影响目标成本。项目关联工作变化导致成本变化主要以成本变更单的形式呈现，成本变更单是项目全过程影响目标成本变化的依据，包括索赔、反索赔、设计变更单、现场签证单等。本书收集了 H 项目 119 份成本变更单，其中 4 份是因为疫情原因导致该项目索赔发生的变动成本，13 份是非关联工作原因造成，与本书模型无关，予以剔除。剩余 102 份是与该项目相关的关联工作影响带来的成本变动，按照表 4-1 的 ANP 结构模型指标体系，对收集的成本变更单进行数据统计，统计结果见表 7-14。

表 7-14 H 项目成本变更单数据统计结果

二级元素指标	$-A_{11}$	$-A_{12}$	$-A_{13}$	$-A_{14}$	$-A_{15}$	$-A_{21}$	$-A_{22}$	$-A_{31}$	$-A_{32}$	$-A_{41}$	$-A_{42}$	$-A_{43}$	合计
数量(份)	10	11	6	11	16	12	8	3	2	8	8	7	102
变更金额(万元)	29.08	31.84	15.06	29.16	44.44	37.26	25.18	8.77	7.81	21.53	20.17	19.71	290.03

注:$-A_{ij}$ 表示未做到该关联工作或未控制好该关联工作元素;变更金额为由 $-A_{ij}$ 导致的变更单总金额。

由成本变更单原因统计分析,确定 H 项目成本关联因素对关联工作的作用路径如图 7-7 所示。

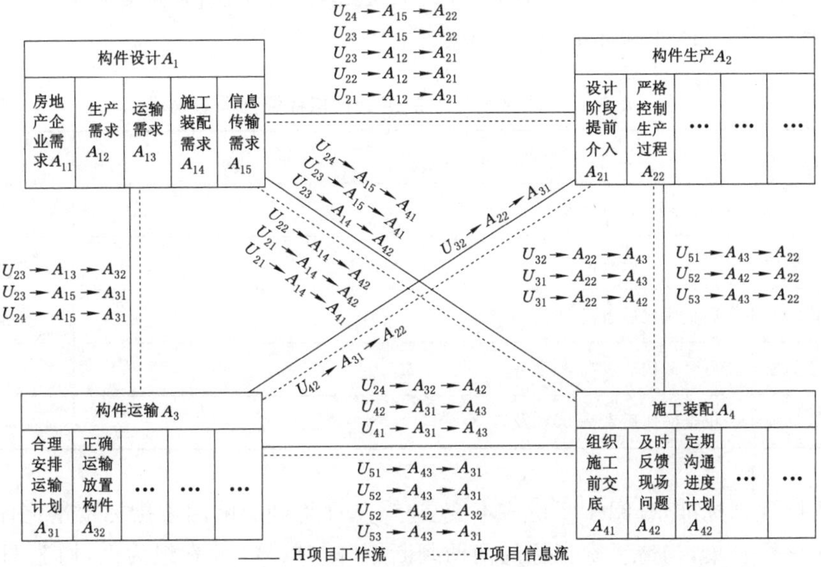

图 7-7 H 项目成本关联因素对关联工作的作用路径

图 7-7 中红色标记部分表示 H 项目与模型差别之处,由 H 项目成本关联因素对关联工作的作用路径图可看出,H 项目与成本链管理作用路径基本一致,因此可应用本书提出的装配式建筑成本链精细化管理模型,通过应用模型改进 H 项目成本管理现状。

7.6.3 装配式建筑成本链精细化管理模型应用

(1) 元素权重的计算

① 构造判断矩阵

对各级评价指标中每个指标的重要程度进行两两比较,采用 9 级标度法,具体如表 7-15 所示。

表 7-15 级标度法标度排列

标度	含义	标度	含义
1	表示两个因素相比,具有相同重要性	1	表示两个因素相比,具有相同重要性
3	表示两个因素相比,前者比后者稍重要	1/3	表示两个因素相比,后者比前者稍重要

表 7-15(续)

标度	含义	标度	含义
5	表示两个因素相比,前者比后者明显重要	1/5	表示两个因素相比,后者比前者明显重要
7	表示两个因素相比,前者比后者强烈重要	1/7	表示两个因素相比,后者比前者强烈重要
9	表示两个因素相比,前者比后者极端重要	1/9	表示两个因素相比,后者比前者极端重要
2、4、6、8	表示上述相邻判断的中间值	1/2、1/4、1/6、1/8	表示上述相邻判断的中间值

根据 10 位 H 项目参与者咨询结果,对成本变更单的影响因素指标设置"9""7""5""3""1"五个评判等级,具体评判标准如表 7-16。

表 7-16 成本变更单的定量化指标评判等级

重要性评价标准	标度
由该因素导致的成本变更金额比后者高 90%及以上	9
由该因素导致的成本变更金额比后者高 70%～90%	7
由该因素导致的成本变更金额比后者高 50%～70%	5
由该因素导致的成本变更金额比后者高 30%～50%	3
由该因素导致的成本变更金额比后者高 30%及以下	1

然后依据评判标准,查阅 102 份成本变更单,从而得到影响因素指标定量化评价集。根据指标定量化评价集,构造元素指标的两两判断矩阵。以 A_1 元素组为例,构造 H 项目的判断矩阵,其余一级元素判断矩阵的构造原理同 A_1。如表 7-17 所示。

表 7-17 H 项目以 A_1 元素组为准则的一级元素两两判断矩阵

以 A_1 为准则	A_1	A_2	A_3	A_4
A_1	1	1/3	1/9	1/7
A_2	3	1	1/3	1/5
A_3	9	3	1	3
A_4	7	5	1/3	1

② 构造 ANP 超矩阵计算权重

根据前文数据收集和分析,将数据输入 SD 软件进行计算分析,将计算得到的各级因素相对于问题目标的权重整理如下,见表 7-18。

表 7-18 H 项目基于装配式建筑成本链精细化管理模型的各级指标元素影响权重值

控制层	一级元素	权重 Z_1	二级元素	权重 Z_2	全局权重 Q_{ij}
装配式建筑成本链精细化管理关联工作成本影响	规划设计影响 A_1	0.374 261	考虑房地产企业的需求 A_{11}	0.094 304	0.035 294
			考虑生产需求 A_{12}	0.115 759	0.043 324
			考虑运输需求 A_{13}	0.045 971	0.017 205
			考虑施工装配需求 A_{14}	0.106 533	0.039 871
			考虑信息传输需求 A_{15}	0.155 462	0.058 183
	构件生产影响 A_2	0.257 483	设计阶段提前介入 A_{21}	0.126 257	0.032 509
			严格控制生产过程 A_{22}	0.089 051	0.022 929
	构件运输影响 A_3	0.217 929	合理安排运输计划 A_{31}	0.027 999	0.006 102
			正确运输放置构件 A_{32}	0.024 691	0.005 381
	施工装配影响 A_4	0.150 327	组织施工前交底 A_{41}	0.068 271	0.010 263
			及时反馈现场问题 A_{42}	0.075 511	0.011 351
			定期沟通进度计划 A_{43}	0.070 191	0.010 552

③ H 项目应用装配式建筑成本链精细化管理模型的方案

计算结果表明装配式建筑成本链精细化管理关联工作成本影响真实存在，且元素之间的影响关系复杂，因此 H 项目成本管理应用本书提出的模型具有必要性。根据 H 项目调查结果，从元素权重计算结果可以看出，依据四个一级元素对装配式建筑成本链精细化管理关联工作的成本影响程度排序，用优先级为 A_1、A_2、A_3、A_4。从二级元素权重计算结果来看，优先级排序依次为：A_{15}、A_{21}、A_{12}、A_{14}、A_{11}、A_{22}、A_{42}、A_{43}、A_{41}、A_{13}、A_{31}、A_{32}。结果基本与 4.2.4 节确定的方案一致，细微差异是在施工装配阶段二级元素排序不一致，经过咨询 *H* 项目专家，得知原因如下：*H* 项目为该公司在嘉兴市的首个项目，项目相关人员对装配式建筑经验较少，在施工前组织集中培训累计 20 余次，施工交底累计 50 余次，因此，*H* 项目在该阶段关联工作中管理良好，由该阶段关联工作导致的成本变更单较少，产生的影响也相对较少。

综上，*H* 项目应用装配式建筑成本链精细化管理模型的方案为：A_{15}、A_{12}、A_{14}、A_{11}、A_{13}、A_{21}、A_{22}、A_{42}、A_{43}、A_{41}、A_{31}、A_{32}。

(2) 模型应用结果量化分析

通过前文确定 H 项目各阶段关联工作对应的细化科目的目标成本 $C_M=3\ 556.62$，由 H 项目应用装配式建筑成本链精细化管理模型的方案，将方案代入装配式建筑成本链精细化管理关联工作的成本确定模型的公式(7-1)至(7-15)得计算结果如下表 7-19 所示。

表 7-19 H 项目模型应用结果分析

阶段	名称	原目标成本(万元)	应用模型成本(万元)	差额	关联成本降低程度
前期策划阶段	*JC*	514.90	361.47	153.43	42.45%
构件生产阶段	*SVC*	1 084.53	805.28	279.25	34.68%
构件运输阶段	*YC*	284.21	222.27	61.94	27.87%

表 7-19(续)

阶段	名称	原目标成本(万元)	应用模型成本(万元)	差额	关联成本降低程度
施工装配阶段	*ZC*	1 672.98	1 421.49	251.49	17.69%
合计		3 556.62	2 810.51	746.11	26.55%

由上表可知:H 项目通过应用装配式建筑成本链精细化管理模型,可以达到降低关联成本的效果,应用模型对关联成本的降低程度达 26.55%,即以上模型应用方案对 H 项目成本管理现状改进效果显著。

7.7 本章小结

以装配式建筑成本管理为出发点,建立装配式建筑外部纵向成本链和内部横向成本链,外部纵向成本链由设计单位、构件供应商、运输公司、施工承包商等组成,通过成本关联因素确定各阶段的关联工作,明确房地产企业在各阶段的管理措施。内部横向成本链由房地产企业内部主要活动和辅助活动组成,目的是确保外部纵向成本链管理顺利进行。为提升房地产企业对纵向、横向成本链的管理能力,在成本链管理中应用精细化管理手段,建立信息化平台、形成标准化设计方案、优化成本变更流程等,最终形成装配式建筑成本链精细化管理模型。为分析验证装配式建筑成本链精细化管理模型的有效性,本书采用网络分析法将模型中各项关联工作对其他阶段成本的影响权重进行量化处理,并根据影响权重量化结果,提出应用模型的方案。根据应用方案,建立装配式建筑成本链精细化管理关联工作的成本确定模型,该模型可用于计算应用方案的成本,衡量模型的应用效果。最后,结合具体案例应用本书提出的模型,案例应用量化结果与模型基本一致,表明模型对装配式建筑成本管理具有可行性和适用性。

8　结论与展望

8.1　主要工作及结论

本书将被动式绿色建筑设计的思想引入装配式复合墙结构体系，提出被动式装配复合墙结构体系，通过纤维增强 EPS 保温砂浆正交水平试验、保温承重一体化复合墙体抗震性能试验、结构弹塑性地震反应分析等方面进行被动式装配复合墙结构的抗震性能分析，通过保温承重一体化复合墙体热工等效、住宅建筑能耗模拟进行被动式装配复合墙结构的热工性能分析，提出适用于工业化生产及装配式施工的简化设计方法及构造措施，基于建筑全寿命的角度以及住宅综合性能评价指标体系，建立被动式装配复合墙结构住宅建筑全寿命两层次双目标优化设计模型。将成本链管理和精细化管理结合应用于装配式建筑成本管理中，考虑管理对象的多主体性、高复杂性、强动态性和强关联性，有利于实现装配式建筑项目各个阶段参与主体的统筹管理，以降低项目全过程的成本。完成的主要工作如下：

(1) 纤维增强 EPS 保温砂浆力学性能及热工性能试验研究

以保温承重一体化复合墙体应用性能为目标，纤维增强 EPS 保温砂浆优化配比的各个掺量建议值为 $V_{EPS}/M_{水泥}$ ∶胶粉∶甲基纤维素醚∶纤维掺量∶硅粉∶防水剂∶减水剂＝5∶2%∶0.65%∶0.8%∶15%∶0.3%∶0.5%。

纤维增强 EPS 保温砂浆轴心抗压强度与立方体抗压强度的比值系数为 $\alpha_c=0.8$，在加载过程中呈现明显的弹塑性，具有较好的变形能力，结合纤维增强 EPS 保温砂浆的基本物理、力学性能参数，以连续损伤力学理论和塑性理论为基础，建立了纤维增强 EPS 保温砂浆单轴受压损伤本构模型，能够反映纤维增强 EPS 保温砂浆的单轴受压应力-应变曲线的特征。

(2) 保温承重一体化复合墙体抗震性能研究

相比装配式复合墙体、XPS 聚苯板夹芯保温复合墙体以及发泡水泥外保温复合墙体，纤维增强 EPS 保温砂浆夹芯保温复合墙试件的标志性荷载值都有明显的增高，对墙身裂缝开展具有一定程度的抑制作用，结构层和保温层整体性良好，能够较好地协同工作。

当 4 榀试件墙体处于弹塑性受力阶段时，其水平荷载值均呈平缓上升。纤维增强 EPS 保温砂浆夹芯保温复合墙试件骨架曲线的下降段相对较短，刚度退化速度相对较快，相对其余墙体的骨架曲线的延伸段相对较长，荷载特征点较为明显，刚度退化相对平缓。

在反复荷载作用下，4 榀墙体均从屈服阶段到破坏阶段发展，各个试件墙体的等效黏滞阻尼系数明显变大，墙体均具有较强的耗能能力。

从墙体开裂阶段到荷载峰值阶段，构件损伤的累积逐渐增多，等效黏滞阻尼系数均明显增大，墙体耗能能力呈上升趋势，保温承重一体化复合墙体有更强的耗能能力，尤其是纤维增强 EPS 保温砂浆夹芯保温复合墙体;但从峰值阶段到破坏阶段,保温承重一体化复合墙体等效黏滞阻尼系数有减小的趋势,耗能能力减弱,XPS 夹芯保温复合墙体尤为明显。

(3) 被动式装配复合墙结构弹塑性地震反应分析

提出被动式装配复合墙结构的全阶段简化模型——刚架-等效复合板弹塑性力学模型:采用杆元、壳元(复合弹性板)以及多段线塑性连接单元共同组成的混合单元模型,保持了结构原有的受力特性,极大简化模型计算量。

通过验证的刚架-复合弹性板模型能较好地模拟复合墙结构弹塑性阶段的真实破坏过程及动力特性,模型具有一定的实用性,可适用于该结构非线性动、静力计算分析。

基于不同保温材料,采用刚架-等效复合板力学模型进行 8 层被动式装配复合墙结构的弹性时程反应分析。分析结果表明:其楼层总体侧移趋势是一致,无保温的装配式复合墙结构的侧移量最大,在 El-Centro 波作用下楼层发生总的侧移为 13.58 mm,约为侧移量最小的纤维增强 EPS 保温砂浆夹芯保温复合墙结构的 1.58 倍,纤维增强 EPS 保温砂浆夹芯保温复合墙结构在 El-Centro 波作用下的层间位移最小,且各层的相对侧移较为均匀。不同的保温材料虽对整体结构存在影响,但均能满足我国现行抗震规范的要求。

(4) 被动式装配复合墙结构住宅建筑能耗分析

通过保温承重一体化复合墙体组合壁热阻计算公式可得,纤维增强 EPS 保温砂浆夹芯保温墙的传热阻明显高于其他保温形式的装配式复合墙,是无保温装配式复合墙传热系数的 1/3,热阻效果较好。

通过最低结露点计算,保温承重一体化复合墙体各个热桥部位均大于西安市最小结露点,因此不会出现结露现象。

通过 DesignBuilder 能耗分析,在采暖季,纤维增强 EPS 保温砂浆夹芯保温复合墙结构住宅的建筑能耗最低,XPS 夹芯保温复合墙结构住宅和发泡水泥外保温复合墙结构住宅的建筑能耗中等,无保温装配式复合墙建筑能耗最高,最大相对节能率达 11.64%,在空调季的能耗相差不大,最大相对节能率为 2%,全年累计能耗相对节能率为 17.76%。

(5) 被动式装配复合墙结构住宅全寿命优化设计方法研究

基于建筑全寿命的被动式装配复合墙结构两层次双目标优化设计模型,能够为结构的投资决策提供可靠依据,并通过优化设计提出单位建筑面积全寿命费用最优实施方案。

被动式装配复合墙结构在全寿命周期的技术集成及应用,有效地提高了构件预制率及施工装配化率,避免建筑保温施工质量通病,可实现建筑保温与结构设计同寿命。

结合实例分析可知,其全寿命周期费用较装配式复合墙结构节约 9.52%,较传统结构形式节约费用 15%以上。被动式装配复合墙结构体系评价水平远高于传统住宅形式,接近优等住宅水平。

(6) 装配式建筑成本链精细化管理模型构建

从装配式建筑成本管理工作出发,分析找出影响全流程各阶段成本的成本关联因素。通过成本关联因素确定各阶段间的关联工作,明确房地产企业对各阶段参与主体的管理工作,建立装配式建筑外部纵向成本链。为保证外部纵向成本链管理顺利进行,房地产企业内部需进行一系列主要活动和辅助活动,即装配式建筑内部横向成本链。房地产企业在成本链管理中应用精细化管理的手段:建立信息化平台、形成标准化设计方案、优化成本变更流程,最终形成装配式建筑成本链精细化管理模型。

8.2 展望

装配式保温与承重一体化符合我国“十四五”规划中提出建设绿色城市的要求，被动式住宅是实现建筑节能减排及住宅产业化的有效途径之一。节能与产业一体化研究内容目前还比较少，仍需进一步研究和完善：

(1) 由于试验条件的限制，本书仅从理论上分析了保温承重一体化复合墙体的传热系数，未对三种保温承重一体化复合墙体进行热箱防护试验，验证热工计算模型的真实性，以更好满足工程需要。进一步研究不同的保温材料、不同的构造设计以及连接方式对保温系统的影响，并制定相应的措施和标准，提出完善优化的保温承重一体化设计方法，为装配式复合墙结构的节能设计提供依据。

(2) 保温承重一体化复合墙体的弹性抗侧刚度公式在本书中仅作了理论推导，未考虑因素的变化对公式的影响，在下一步工作中可通过试验或者模拟因素变化的实测值对公式进行修正。结合工程实例，采用全阶段计算模型—刚架-等效复合板弹塑性力学模型仅在弹性阶段进行了结构动力反应分析时，其弹塑性阶段的结构动力反应分析有待进一步的深入研究。

(3) 结合被动式设计思想，围护结构是建筑能耗控制的重中之重，而保温承重一体化墙体作为建筑能耗的主要构件，其研究价值不言而喻，同时，屋面、门窗、楼地面以及配套设备、建筑设计等应当进一步完善，为被动式装配复合墙结构住宅的设计提供依据和标准。

(4) BP 神经网络全寿命评价是大数据收集分析的过程，而由于被动式装配复合墙结构属于新型结构体系，在役的项目有限，因此数据分析过程中可能会出现离析现象，随着结构体系的市场推广，可得到更加充盈的数据分析结果。

(5) 装配式建筑成本链精细化管理模型主要从装配式建筑项目的设计、生产、运输、施工装配四个阶段出发构建了成本链管理模型，对各阶段关联性及相互影响进行了较为全面的分析，较传统单一、静态的成本管理来说有了很大的改善，但是从装配式建筑项目的全寿命周期来看，研究未涉及前期策划阶段、运营维护阶段，希望未来更多研究可以将这些阶段考虑进去。

附录Ⅰ　函数程序设计

```
P=[];
T=[];
net=newff(minmax(P),[17,1],{'tansig' 'purelin'},'traingdm');
%新建训练网络函数设置,其中
%{'tansig''purelin'}各隐含层传递函数
%'traingdm'训练函数
net.trainparam.epochs=30000;%训练最大步数
net.trainparam.goal=0.001;%目标均方误差
net.trainparam.lr=0.02;%训练学习效率
net.trainparam.mc=0.22;%动量系数
net.trainparam.Show=20;%训练迭代过程
[net,tr]=train(net,P,T);%网络训练函数
Ptest=[];
Ttest=[];
err1=sum((T-sim(net,P)).^2)        %训练误差的平方和
y=sim(net,Ptest)
err2 = sum((Ttest-y).^2)                    % 训练误差的平方和
%结果作图
plot(1:length(Ptest),Ttest,'r+:',1:length(Ptest),y,'bo:')
title('+为真实值,o为预测值')
```

运行结果为:

```
TRAINGDM, Epoch 0/30000, MSE 1.72837/0.001, Gradient 4.62295/1e-010
TRAINGDM, Epoch 25/30000, MSE 0.284467/0.001, Gradient 0.653444/1e-010
TRAINGDM, Epoch 50/30000, MSE 0.163173/0.001, Gradient 0.366828/1e-010
……………………………………………………………………………………
TRAINGDM, Epoch 6278/30000, MSE 0.000999818/0.001, Gradient 0.00328642/1e-010
TRAINGDM, Performance goal met.
err1 =0.0300
y =
Columns 1 through 8
0.7007    0.7581    1.0692    0.3832    -0.1946    0.6275    0.3940   -0.0367
```

Columns 9 through 10

0.9727　　0.5119

err2 =

0.05012

将预测结果 y=[0.7007 0.7581 1.0692 0.3832 −0.1946 0.6275 0.3940 −0.0367 0.9727 0.5119]进行反归一化处理后，得到预测值 y6′=[2604.22 2608.63 2635.51 3576.25 3526.34 2597.35 3577.18 3539.98 2627.17 3587.37]，真实值 d=[2629.53 2614.59 2597.04 3550.27 3567.91 2605.42 3578.23 3543.15 2600.01 3563.20]。其误差平方和 sse6=err2 =0.05012。

附录Ⅱ　装配式建筑成本链精细化管理关联工作成本影响权重调查问卷

尊敬的先生/女士：

您好！非常感谢您在百忙之中抽出时间填写本问卷。装配式建筑成本链精细化管理模型是通过加强项目各阶段成本管理工作之间联系，即确定各阶段的关联工作，对关联工作进行动态管理从而降低项目全过程成本的方法。关联工作对项目全过程成本的影响程度不同，重要性也不同，因此可通过确定关联工作的重要性，为应用模型提供准确的参考方案。期望您对本书初步确定的装配式建筑成本链精细化管理模型中关联工作对成本影响的权重进行打分。本次问卷只用于理论研究需要，不作其他任何商业用途，请放心填写。

第一部分　填写说明

请您根据9级标度法对各个指标进行两两重要性比较，具体数值见下表。

标度	含义	标度	含义
1	表示两个因素相比，具有相同重要性	1	表示两个因素相比，具有相同重要性
3	表示两个因素相比，前者比后者稍重要	1/3	表示两个因素相比，后者比前者稍重要
5	表示两个因素相比，前者比后者明显重要	1/5	表示两个因素相比，后者比前者明显重要
7	表示两个因素相比，前者比后者强烈重要	1/7	表示两个因素相比，后者比前者强烈重要
9	表示两个因素相比，前者比后者极端重要	1/9	表示两个因素相比，后者比前者极端重要
2、4、6、8	表示上述相邻判断的中间值	1/2、1/4、1/6、1/8	表示上述相邻判断的中间值

成本关联因素是指某阶段成本影响因素除影响自身所处阶段的成本之外，还影响其他阶段的成本。

关联工作是指可有效控制成本关联因素向有利于降低成本方向发展的工作，该工作同样也影响其他阶段的成本。

第二部分　指标权重评分

（1）一级指标权重评分

	规划设计影响 A_1	构件生产影响 A_2	构件运输影响 A_3	施工装配影响 A_4
规划设计影响 A_1	1			
构件生产影响 A_2		1		
构件运输影响 A_3			1	
施工装配影响 A_4				1

（2）二级指标权重评分

<table>
<tr><td></td><td></td><td colspan="3">A_1</td><td colspan="3">A_2</td><td colspan="3">A_3</td><td colspan="3">A_4</td></tr>
<tr><td colspan="2">A_{43}</td><td></td><td>A_{11}</td><td>A_{12}</td><td>A_{13}</td><td>A_{14}</td><td>A_{15}</td><td>A_{21}</td><td>A_{22}</td><td>A_{31}</td><td>A_{32}</td><td>A_{41}</td><td>A_{42}</td></tr>
<tr><td rowspan="5">A_1</td><td>A_{11} 考虑房地产企业需求</td><td>1</td><td></td><td></td><td></td><td></td><td></td><td></td><td></td><td></td><td></td><td></td><td></td></tr>
<tr><td>A_{12} 考虑生产需求</td><td></td><td>1</td><td></td><td></td><td></td><td></td><td></td><td></td><td></td><td></td><td></td><td></td></tr>
<tr><td>A_{13} 考虑运输需求</td><td></td><td></td><td>1</td><td></td><td></td><td></td><td></td><td></td><td></td><td></td><td></td><td></td></tr>
<tr><td>A_{14} 考虑施工装配需求</td><td></td><td></td><td></td><td>1</td><td></td><td></td><td></td><td></td><td></td><td></td><td></td><td></td></tr>
<tr><td>A_{15} 考虑信息传输需求</td><td></td><td></td><td></td><td></td><td>1</td><td></td><td></td><td></td><td></td><td></td><td></td><td></td></tr>
<tr><td rowspan="2">A_2</td><td>A_{21} 设计阶段提前介入</td><td></td><td></td><td></td><td></td><td></td><td>1</td><td></td><td></td><td></td><td></td><td></td><td></td></tr>
<tr><td>A_{22} 严格控制生产过程</td><td></td><td></td><td></td><td></td><td></td><td></td><td>1</td><td></td><td></td><td></td><td></td><td></td></tr>
<tr><td rowspan="2">A_3</td><td>A_{31} 合理安排运输计划</td><td></td><td></td><td></td><td></td><td></td><td></td><td></td><td>1</td><td></td><td></td><td></td><td></td></tr>
<tr><td>A_{32} 正确运输放置构件</td><td></td><td></td><td></td><td></td><td></td><td></td><td></td><td></td><td>1</td><td></td><td></td><td></td></tr>
<tr><td rowspan="3">A_4</td><td>A_{41} 组织施工前交底</td><td></td><td></td><td></td><td></td><td></td><td></td><td></td><td></td><td></td><td>1</td><td></td><td></td></tr>
<tr><td>A_{42} 及时反馈现场问题</td><td></td><td></td><td></td><td></td><td></td><td></td><td></td><td></td><td></td><td></td><td>1</td><td></td></tr>
<tr><td>A_{43} 定期沟通进度计划</td><td></td><td></td><td></td><td></td><td></td><td></td><td></td><td></td><td></td><td></td><td></td><td>1</td></tr>
</table>

参考文献

[1] 中华人民共和国建设部.中国墙体行业研究报告[R].北京.2006.
[2] 国家统计局. 2008年国民经济和社会发展统计公报[R].2009.
[3] 姚谦峰,黄炜,田洁,丁永刚.密肋复合墙体受力机理及抗震性能试验研究[J].建筑结构学报,2004,25(6):67-74.
[4] 曹万智.新型墙体材料的特性及发展趋势[J].砖瓦,2012(11):81-86.
[5] 张泽平,李珠,董彦莉.建筑保温节能墙体的发展现状与展望[J].工程力学,2007,24(S2):121-128.
[6] 陈国新.内填不同材料生态复合墙体基于统一强度理论的非线性损伤分析[D].西安:西安建筑科技大学,2010.
[7] 韦延年.论墙体保温与结构一体化技术的研究与应用[J].墙材革新与建筑节能,2015(10):52-57.
[8] 谢德润,韩战勇.钢丝混凝土夹芯墙板[J].新型建筑材料,1990,17(5):32-35.
[9] 姚纪良,赵志成,张明祥.钢丝网架水泥聚苯板承重建筑设计技术研究[J].新型建筑材料,1997,24(12):24-26.
[10] 徐鹏,易成,隋成飞.节能夹层保温板的研制和应用[J].新型建筑材料,1997,24(10):37-38.
[11] 王笃学.俄罗斯"聚苯乙烯泡沫塑料平芯三层复合楼板"研制[J].国外建筑科学,1996(3):16-18.
[12] 牛荻涛.混凝土结构耐久性与寿命预测[M].北京:科学出版社,2003.
[13] 李宏伟.基于全寿命设计理论的桥梁设计过程[J].价值工程,2010,29(18):54.
[14] 王光远,程耿东,高小旺等.抗震结构的最优设防烈度与可靠度[M].北京:科学出版社,1999.
[15] (加)史密斯(SmithB. Stafford)(英)库 尔(CoullA)编著[M].陈瑜等译校.高层建筑结构分析与设计[M].北京:地震出版社,1993.
[16] KABEYASAWA, SHIOARA T H, OTANI S. U. S. Japan Cooperative Researchon RC Full-scale Building Test-Part5: Discussion on Dynamic Response System. Procs. 8th WCEE, 1984, Vol. 6: 627-634.
[17] VOLCANO A , BERTEROV , COLOTTI V. Analytical Modeling of RC Structural Walls[J]. Procs. 9th WCEE, 1988, VI: 41-46.
[18] LINDA P, BACHMANN H. Dynamic modeling and design of earthquake resistant walls[J]. EESD, 1994,23: 1331-1350.
[19] MILEV J I. Two Dimensional Analytical Model of Reinforced Concrete Shear Walls

[J]. Elsevier Science Ltd. , 1996:320
[20] 吕西林,卢文生.纤维墙元模型在剪力墙结构非线性分析中的应用[J].力学季刊,2005,26(1):72-80.
[21] 叶列平,陆新征,马千里,等.混凝土结构抗震非线性分析模型、方法及算例[J].工程力学,2006,23(S2):131-140.
[22] 胡琦忠.工程结构全寿命周期设计理论的核心指标研究[D].杭州:浙江大学,2009.
[24] 俞艳,田杰芳.业主应考虑建筑产品的寿命周期成本[J].铁路工程造价管理,2000,15(2):16-17.
[25]黄如宝. 对建筑“合理使用寿命”相关问题的分析[J]. 同济大学学报. 2009,24(5):33-34.
[26] 刘扬.密肋复合墙结构节能建筑综合效益评价方法研究[D].西安:西安建筑科技大学,2009.
[27] 孙焕伟.生态复合墙结构质量控制模式研究[D].西安:西安建筑科技大学,2014.
[28] 贾正义.生态复合墙结构项目施工安全风险识别与评价方法研究[D].西安:西安建筑科技大学,2014.
[29] 周竹发,王淑梅,寇秀蓉,等.可再分散乳胶粉在EPS保温砂浆中的作用机理及性能[J].新型建筑材料,2007,34(10):54-57.
[30] 王正权,龚延风.EPS保温砂浆配比试验分析[J].建筑材料学报,2005,8(2):207-210.
[31] 中华人民共和国建设部.混凝土结构设计规范:GB 50010—2002[S].北京:中国建筑工业出版社,2004.
[32]中华人民共和国建设部. 普通混凝土力学性能试验方法:GB50081-2002. [S]. 北京:中国建筑工业出版社. 2002.
[33] 张同亿,张兴虎,吴敏哲,等.带框复合墙抗震性能试验研究[J].西安建筑科技大学学报(自然科学版),2000,32(3):209-212.
[34]黄炜. 生态复合墙体抗震性能及设计理论研究[D]. 西安:西安建筑科技大学,2004.
[35] 孙跃东,肖建庄,周德源,张鹏.再生轻质砌块填充墙再生混凝土框架抗震性能的试验研究[J].地震工程与工程振动,2005,25(5):124-131.
[36] 李忠献.工程结构试验理论与技术[M].天津:天津大学出版社,2004.
[37] 姚谦峰,陈平.土木工程结构试验[M].北京:中国建筑工业出版社,2001.
[38] 杜修力,欧进萍.建筑结构地震破坏评估模型[J].世界地震工程,1991,7(3):52-58.
[39] TOUSSI S, YAO J T P , CHEN W F. A damage indicator for reinforced concrete frames[J]. ACI, 1984(2):87-92.
[40] 李洪泉,欧进萍.剪切型钢筋混凝土结构的地震损伤识别方法[J].哈尔滨建筑大学学报,1996(2):8-12.
[41] 刘纲.抗震框架结构能量反应的初步分析[D].重庆:重庆大学,2002.
[42] MEHANNY S S F, DEIERLEIN G G. Seismic damage and collapse assessment of composite moment frames[J]. Journal of Structural Engineering, 2001, 127(9):1045-1053.
[43] 刘伯权. 钢筋混凝土抗震结构的破坏准则及可靠性分析[D]. 重庆:重庆建筑大

学，1995.
[44] LOH C H, HO R C. Seismic damage assessment based on different hysteretic rules [J]. EarthquakeEngrg, Struct. Dyn, 1990(9):2388-2394.
[45] BANON H, BIGGS J M , IRUINE H M. Seismic damage in R/C frames[J]. Journal of the StructureDivision, ASCE, 1981(8):19-22.
[46] 陈永祁，龚思礼. 结构在地震动时延性和累积塑性耗能的双重破坏准则[J]. 建筑结构学报，1986，7(1)：35-48.
[47] 江近仁，孙景江. 砖结构的地震破坏模型[J]. 地震工程与工程振动，1987，7(1)：20-34.
[48] 欧进萍，牛荻涛，王光远. 多层非线性抗震钢结构的模糊动力可靠性分析与设计[J]. 地震工程与工程振动，1990，10(4)：27-37.
[49] 牛荻涛，任利杰. 改进的钢筋混凝土结构双参数地震破坏模型[J]. 地震工程与工程振动，1996，16(4)：44-54.
[50] 李军旗，赵世春. 钢筋混凝土构件损伤模型[J]. 兰州铁道学院学报，2000，19(3)：25-27.
[51] 清华大学建筑节能研究中心. 中国建筑节能年度发展研究报告 2012[M]. 北京：中国建筑工业出版社，2012.
[52] 夏伟. 被动式设计策略的适用性研究[J]. 建筑学报，2009(S1)：9-11.
[53] 王立雄. 建筑节能[M]. 2 版. 北京：中国建筑工业出版社，2009：43-46.
[54] 赵娟，苏晓海. 组合壁热阻的求解思想及应用分析[J]. 陕西理工学院学报(自然科学版)，2010，26(4)：48-51.
[55] 冉茂宇. 非均质围护结构传热系数的简化计算及检测方法[J]. 建筑科学，2007，23(3)：26-30.
[56] 杨西伟，郑瑞澄，郝斌. 现阶段我国主要建筑节能技术及存在的问题[J]. 建设科技，2007(14)：20-27.
[57] 江亿. 建筑环境系统模拟分析方法：DeST[M]. 北京：中国建筑工业出版社，2006.
[58] 陈国平，刘景天. 外围护结构节能技术的现状与运用[J]. 建筑装饰材料世界，2007，10(2)：22-26.
[59] 国家统计局. 2008 年国民经济和社会发展统计公报[R]. 2009.
[60] 建筑节能与新能源的开发利用. 百度文库.《互联网文档资源(http://wenku.baidu.c)》.
[61] 刘承. 砌筑墙体的 Ansys 三维稳态热分析方法[J]. 砖瓦，2013(3)：47-52.
[62] 侯晨涛. 绿色建筑体系评价指标体系及方法研究[D]. 西安：西安建筑科技大学，1999.
[63] 徐荣彪. 中国绿色生态型住宅评价研究[D]. 山西：山西财经大学，2008.
[64] 鲁乐. 生态住宅项目招标阶段的绿色建筑评价体系研究：以常州"北港生态住宅小区"项目为例[D]. 上海：同济大学，2007.
[65] 杨文. 我国绿色建筑评估体系的探索研究[D]. 重庆：重庆大学，2008.
[66] 王光远，季天健，张鹏. 抗震结构全寿命预期总费用最小优化设计[J]. 土木工程学报，2003，36(6)：1-6.

[67] 刘扬.密肋复合墙结构节能建筑综合效益评价方法研究[D].西安:西安建筑科技大学,2009.

[68] 段计先. 绿色建筑全寿命周期成本效益分析—基于价值工程[D]. 重庆:重庆大学. 2011.

[69] 张荫.密肋壁板结构全寿命质量控制与建造技术研究[D].西安:西安建筑科技大学,2007.

[70] 姚谦峰,张萌.密肋复合板结构节能建筑施工技术[M].北京:中国建筑工业出版社,2014.

[71] 西安建筑科技大学建筑工程新技术研究所. 密肋壁板轻型框架结构理论与应用研究[M]. 2000.

[72] 施骞,徐莉燕.绿色建筑评价体系分析[J].同济大学学报(社会科学版),2007,18(2):112-117.

[73] 吕培印,宋玉普.基于人工神经网络的混凝土疲劳寿命估算[J].海洋工程,2001,19(3):72-76.

[74] 倪宏伟. 基于神经网络的预测控制方法及其应用研究[D]. 长沙:中南大学,2006.

[75] 郑小洋.小波神经网络及其应用[D].重庆:重庆大学,2003.

[76] 中华人民共和国建设部、国家质量监督检验检疫总局.住宅性能评定技术标准:GB/T 50362—2005[S].北京:中国建筑工业出版社,2006.

[77] 姚谦峰,张荫.新型建筑结构住宅体系发展与应用[J].工业建筑,2002,32(8):53-56.

[78] 冯珍,刘桂林,张所地.住宅小区绿色性能全生命周期评价[J].技术经济,2010,29(1):66-67.

[79] 赵务舟,胡宏炜.基于AHP法的节能住宅指标评价研究[J].建材世界,2009,30(5):86-88.

[80] BALABIN R M,SAFIEVA R Z,LOMAKINA E I. Wavelet neural network (WNN) approach for calibration model building based on gasoline near infrared (NIR) spectra [J]. Chemometrics and Intelligent Laboratory Systems,2008,93(1):58-62.

[81] YANG WANG, RU-CHUAN WANG, XI CHENG. Improved multipath routing with WNN for the open networks. 2008:Vol. 15 (2): 107-113.

[82] Green Building Council of Australia, the National Australian Building Environmental Rating System(NABERS). Aug. 14,2001,http://www. gbcaus. org.

[83] UK BREEM. BREEM for EcoHomes-the environmental rating for homes. Building Research Estabilishment (BRE). Garston. Walford. 2000. http://product. bre. co. uk. [84]The US Green Building Council. The leadership in energy and environmental design: Green building retting system 2. 0. US: Manual and Report. 1998,(7):22-27.

[85] LARSSON N. The Green Building Challenge. HK: Pamphlet of SB2002 International Conference, 1998.

[86] 刘霞,叶燕华,王滋军,等.国内外节能结构体系发展现状[J].四川建筑科学研究,2011,37(6):81-84.

[87] 刘东卫，李景峰. CSI 住宅：长寿化住宅引领住宅发展的未来[J]. 住宅产业，2010(11)：59-60.

[88] LIANG J，LI B Z，WU Y，et al. An investigation of the existing situation and trends in building energy efficiency management in China[J]. Energy and Buildings，2007，39(10)：1098-1106.

[89] 丁雅楠，姜涌，石志会，等. 集合住宅厨房管线设备空间的整合设计研究[J]. 建筑学报，2011(8)：72-75.

[90] 张楠. 紧凑型住宅的建筑与室内整合设计研究[D]. 大连：大连理工大学，2012.

[91] 谭伟，闫增峰，孙立新，等. 利用 ANSYS 计算异型围护结构中的热桥线传热系数[J]. 建筑科学，2008，24(4)：62-66.

[92] 温华. 多层建筑围护结构外墙角热桥传热分析[D]. 哈尔滨：哈尔滨工程大学，2007.

[93] 马保国. 外墙外保温技术[M]. 北京：化学工业出版社，2008.

[94] 中华人民共和国住房和城乡建设部. 严寒和寒冷地区居住建筑节能设计标准：JGJ 26—2010[S]. 北京：中国建筑工业出版社，2010.

[95] 董宏，周辉，林海燕. 线传热系数法在工程中的应用[C]//2010 年建筑环境科学与技术国际学术会议，南京，2010.

[96] 柏慕. Autodesk Ecotect Analysis 2011 绿色建筑分析应用[M]. 北京. 中国建筑工业出版社. 2009，2(1)：48-50.

[97] 张小玲. 我国被动房理论与实践中需要注意的问题[J]. 住宅产业，2011(5)：36-38.

[98] 朱玉梅. 西安地区新型节能构造体系研究：节能 65%多层砖混住宅[D]. 西安：西安建筑科技大学，2005.

[99] 张泽平. 玻化微珠保温混凝土及其结构的基本性能试验与理论分析研究[D]. 太原：太原理工大学，2009.

[100] 中华人民共和国建设部、国家质量监督检验检疫总局. 民用建筑设计通则：GB 50352—2005[S]. 北京：中国建筑工业出版社，2005.

[101] 吕大刚，王光远. 基于损伤性能的抗震结构最优设防水准的决策方法[J]. 土木工程学报，2001，34(1)：44-49.

[102] 章宇明. 密肋复合墙板损伤模型及基于损伤性能目标的抗震设计方法研究[D]. 西安：西安建筑科技大学，2006.

[103] 李国强，郝坤超，陆烨. 框架结构损伤识别的两步法[J]. 同济大学学报(自然科学版)，1998，26(5)：483-487.

[104] GHOBARAH A，ABOU-ELFATH A. Response-based damage assessment of structure[J]. earthquakeEnging，Struct. Dyn.，1999(3)：1099-1104.

[105] 王振宇，刘晶波. 建筑结构地震损伤评估的研究进展[J]. 世界地震工程，2001，17(3)：43-48.

[106] 李明顺，尚春明. 小康住宅建筑结构体系成套技术指南[M]. 北京：中国建筑工业出版社，2001.

[107] 姚谦峰，黄炜. 新型住宅结构体系发展与应用研究综述[J]. 施工技术，2003，32(10)：6-9.

[108] 马静,黄炜,姚谦峰.密肋壁板结构中复合墙体的竖向承载力及稳定性研究[J].西安建筑科技大学学报(自然科学版),2007,39(2):187-192.

[109] 田玉滨,唐岱新.配筋砌块砌体剪力墙连梁抗震性能的试验研究[J].建筑结构学报,2002,23(4):42-47.

[110] 江见鲸,李杰,金伟良.高等混凝土结构理论[M].北京:中国建筑工业出版社,2007.

[111] BOUZOUBAÂ N,LACHEMI M. Self-compacting concrete incorporating high volumes of class F fly ash: preliminary results[J]. Cement and Concrete Research,2001,31(3):413-420.

[112] ROHIM SALEM, EDWIN G BURDETTE, NMIKE JACKSON. Interrelationship of physical properties of concrete made with recycled aggregates, Submis-sion Date: July 25, 2001.

[113] 中华人民共和国建设部.混凝土结构设计规范:GB 50010—2002[S].北京:中国建筑工业出版社,2004.

[114] 过镇海,时旭东.钢筋混凝土原理和分析[M].北京:清华大学出版社,2003.

[115] TONG X D,HAJJAR J F,SCHULTZ A E,et al. Cyclic behavior of steel frame structures with composite reinforced concrete infill walls and partially-restrained connections[J]. Journal of Constructional Steel Research,2005,61(4):531-552.

[116] 郭猛,姚谦峰,李鹏飞.基于ETABS的斜交密肋框架结构地震反应分析[J].沈阳建筑大学学报(自然科学版),2009,25(5):842-846.

[117] 荆罡.密肋复合墙体抗弯性能试验研究与结构计算模型分析[D].西安:西安建筑科技大学,2007.

[118] 张程华,黄炜,赵冬,等.基于复合材料力学模型的生态复合墙体研究[J].工程力学,2012,29(8):249-254.

[119] 刘香,银俊,何育青,等.轻骨料混凝土应力应变关系的试验分析[J].内蒙古科技大学学报,2010,29(3):277-280.

[120] 颜雪洲,姚谦峰.泡沫混凝土力学性能试验研究[J].工业建筑,2007,37(S1):962-964.

[121] 段莉,黄勇.石膏模-混凝土组合空腹楼盖用磷石膏力学特性研究[J].贵州大学学报(自然科学版),2012,29(5):112-117.

[122] 陈国新,黄炜.棉花秸秆砌块力学性能研究[J].建筑科学,2012,28(11):52-54.

[123] 俞茂宏.双剪理论及其应用[M].北京:科学出版社,1998.

[124] 俞茂宏.强度理论新体系:理论、发展和应用[M].2版.西安:西安交通大学出版社,2011.

[125] FELDMAN D, ZHENG Z. Synthetic Fibres for Fibre Concrete Composites. Material research SocietySymposia Proceedings, 1993:123-128.

[126] BANTHIA N. Micro-fiber reinforced cement composites II Flexural response and fracture studies. Canadian Journal of Civil Engineering. 1995, 22(4):668-682.

[127] DIAS D P,THAUMATURGO C. Fracture toughness of geopolymeric concretes reinforced with basalt fibers[J]. Cement and Concrete Composites,2005,27(1):

49-54.
[128] ZIELINSK, KRZYSZTOF, OLSZEWSKI, PRCEMYSLAW. The impact of basaltic fiber on selected physical and mechanical properties of cement mort[J]. Concrete Precasting Plant and Technology. 2005:28-33.
[129] XIA LEI, YAO QIANFENG, CHANG PENG, et al. Seismic safety evaluation analysis of a new building structure with multi-ribbed composite wall structure[C]. International conference on Earthquake Engineering: The 1st Anniversary of Wenchuan Earthquake. Chengdu. China, 2009:325-328.
[130] LIU P, YAO Q F. Dynamic reliability of structures: the example of multi-grid composite walls[J]. Structural Engineering and Mechanics, 2010,36(4):463-479.
[131] SONG P S, HWANG S, SHEU B C. Strength properties of nylon- and polypropylene-fiber-reinforced concretes[J]. Cement and Concrete Research, 2005, 35(8):1546-1550.
[132] GRZYBOWSKI M, MEYER C. Damage accumulation in concrete with fiber reinforcement[J]. ACI Mater J, 1993, 90(6):594-604.
[133] M K LEE, B I G BARR. An overview of the fatigue behaviour and fibre reinforced concrete [J]. Cement & Concrete Composites, 2004,26: 299-305.
[134] CACHIM P B, FIGUEIRAS J A, PEREIRA P A A. Fatigue behavior of fiber-reinforced concrete in compression[J]. Cement and Concrete Composites, 2002, 24(2): 211-217.
[135] 王东辉，柳旭东，陈勇. 装配整体式混凝土结构的发展[J]. 混凝土，2012(1):113-115.
[136] 冯玉珍，冯玉坤，林永华. CL 复合墙板体系施工探讨[J]. 青岛建筑工程学院学报，2003,24(1):68-70.
[137] 许传福. CS 板—框架组合结构模型设计与力学性能研究[D]. 天津：天津大学，2012.
[138] 田玉滨，唐岱新. 配筋砌块砌体剪力墙连梁抗震性能的试验研究[J]. 建筑结构学报，2002,23(4):42-47.
[139] 孙跃东，周德源，肖建庄，等. 不同轴力下再生混凝土框架抗震性能的试验[J]. 同济大学学报(自然科学版)，2007,35(8):1013-1018.
[140] 过镇海，时旭东. 钢筋混凝土原理和分析[M]. 北京：清华大学出版社，2003.
[141] 彭家惠，陈明凤，张建新. EPS 表面改性及其保温砂浆的耐候性与抗裂性[J]. 重庆大学学报(自然科学版)，2002,25(1):24-27.
[142] 彭家惠，陈明凤，张建新. 废聚苯乙烯泡沫塑料作保温砂浆轻骨料的研究[J]. 建筑材料学报，2002,5(2):166-170.
[143] 龚建清，张婵韬. 玻化微珠保温砂浆导热系数模型研究[J]. 湖南大学学报(自然科学版)，2014,41(6):99-105.
[144] 李文超. 渡槽保温材料的制备与性能研究[D]. 武汉：武汉理工大学，2009.
[145] 王鹃，王培铭，张国防. 外加剂掺量对 EPS 保温砂浆性能的影响[J]. 新型建筑材料，2005,32(11):53-55.
[146] 陈明凤，张彭成，彭家惠，林常青. EPS 保温砂浆性能的影响因素分析[J]. 新型建筑材

料,2001,28(7):23-26.

[147] 陈明凤,谢厚礼,彭家惠,林常青.粘结剂和纤维对EPS保温砂浆性能的影响[J].房材与应用,2001,29(5):22-24.

[148] 邓初晴. EMS保温砂浆性能影响因素研究[J]. 新型建筑材料,2009(14):74-77.

[149] GB/T 13475-2008. 绝热-稳态传热性质的测定-标定和防护热箱法[S].

[150] 杨凯. 聚苯颗粒保温砂浆的研制与工程应用[D]. 重庆. 重庆大学材料科学与工程学院. 2006,49:23-29.

[151] 谢坤.外墙复合砌块传热研究[D].哈尔滨:哈尔滨工业大学,2007.

[152] 李庆繁.论蒸压加气混凝土导热系数和蓄热系数的取值[J].砖瓦,2016(2):53-61.

[153] 肖建庄,宋志文,张枫.混凝土导热系数试验与分析[J].建筑材料学报,2010,13(1):17-21.

[154] DEMIREL B. Optimization of the composite brick composed of expanded polystyrene and pumice blocks[J]. Construction and Building Materials,2013,40:306-313.

[155] 高云龙,陈国杰,王汉青.湿分对加气混凝土砌块导热系数影响实验研究[J].节能,2019,38(1):10-11.

[156] SB ZHAO, S YANG,XZ FENG,et al. Study on Thermal Conductivity of Reinforced Concrete Plate[J]. Applied Mechanics & Materials. 2013, 43:321-328.

[157]MJ LU, S YANG,XZ FENG,et al. Experimental Study on Thermal Conductivity of Concrete for Building Reinforced Concrete Composite Wall[J]. Applied Mechanics & Materials. 2013, 3:438-439.

[158] 刘革.高效耐久保温复合墙的结构与节能一体化技术与性能[D].哈尔滨:哈尔滨工业大学,2012.

[159] 王刚.新型夹芯保温复合墙板性能研究[D].合肥:安徽建筑大学,2013.

[160] 刘磊.华北地区农村住宅节能保温调查研究[D].秦皇岛:燕山大学,2013.

[161] 王丽沙.新型节能夹芯自保温墙体砌块力学及热工性能研究[D].延吉:延边大学,2014.

[162] 王勇.夏热冬冷地区建筑物外围墙体节能保温的研究[D].南昌:南昌大学,2014.

[163] 林国海."十二五"国家科技支撑计划课题-保温、防火、结构一体化低能耗建筑技术[M],建设科技. 2015.

[164] 张昉.对我国新型墙材发展道路的探讨[J].华中建筑,2006,24(5):33-34.

[165] 马保国.外墙外保温技术[M].北京:化学工业出版社,2008.

[166] 宋晔皓. 中国本土绿色建筑被动式设计策略[D]. 北京:清华大学,2002.

[167] 徐伟.设计·概念·策略:建筑创作中的概念及其策略研究[D].厦门:厦门大学,2009.

[168] 杨柳.建筑气候分析与设计策略研究[D].西安:西安建筑科技大学,2003.

[169]《绿色建筑评价标准》GB/T 50378-2014.

[170] 党开春,唐秀艳,刘转梅.谈绿色建材与墙体材料的可持续发展[J].粉煤灰综合利用,2006,19(2):52-53.

[171] 王立雄.建筑节能[M].北京:中国建筑工业出版社,2004.

[172] 江亿.建筑环境系统模拟分析方法:DeST[M].北京:中国建筑工业出版社,2006.
[173] YAN DA, YINGXIN ZHU. Case Study: YBS Building Simulation Using DesignBuilder. IEA ANNEX40 Workshop in Kyoto Japan. April, 2003.
[174] JIANG Y. State-Space method for analysis of the thermal behavior of room and calculation of air conditioning load. ASHRAE Trans. 1981, 88 (2): 122-132.
[175] KAPPOS A J,CHRYSSANTHOPOULOS M K,DYMIOTIS C. Uncertainty analysis of strength and ductility of confined reinforced concrete members[J]. Engineering Structures,1999,21(3):195-208.